神秘的天外来客：宇宙射线

王德云
陈敏燕 编著
刘树勇

Cosmic rays

河北出版传媒集团
河北科学技术出版社

图书在版编目（CIP）数据

神秘的天外来客：宇宙射线 / 王德云，陈敏燕，刘树勇编著．— 石家庄：河北科学技术出版社，2012.11（2024.1 重印）
（青少年科学探索之旅）
ISBN 978-7-5375-5550-0

Ⅰ．①神… Ⅱ．①王… ②陈… ③刘… Ⅲ．①宇宙辐射—青年读物②宇宙辐射—少年读物 Ⅳ．① P142-49

中国版本图书馆 CIP 数据核字 (2012) 第 274617 号

神秘的天外来客：宇宙射线

王德云　陈敏燕　刘树勇　编著

出版发行	河北出版传媒集团　河北科学技术出版社
地　　址	石家庄市友谊北大街 330 号（邮编：050061）
印　　刷	文畅阁印刷有限公司
开　　本	700×1000　1/16
印　　张	12
字　　数	130000
版　　次	2013 年 1 月第 1 版
印　　次	2024 年 1 月第 4 次印刷
定　　价	36.00 元

如发现印、装质量问题，影响阅读，请与印刷厂联系调换。

前 言

自然界、宇宙间存在着各种各样的射线，虽然我们对这些射线视而不见，听而不闻，可它们却时时刻刻地萦绕在我们的身边，我们身体的健康、我们周围的环境无不与这些射线有着密切的联系。然而，射线为什么具有如此奇妙的性质呢？它们又是如何影响我们的身体和自然环境的呢？

从19世纪中叶起，科学家们就开始研究一种神秘的、看不见的射线，大约经过了40年的时间人们才知道，这种从电场的阴极发出的射线实际上是一种电子流。在这40年间，人们借助阴极射线开发出了一系列的新技术，如今天我们所熟悉的释放出五颜六色光芒的霓虹灯就是这些技术的成果。20世纪，人们用阴极射线管形象地显示了一些物质的运动，我们更熟悉的就是早已走进千家万户的电视机和计算机显示器了。随着X射线和物质放射性的发现，人们找到了洞察更微小世界的利器，像晶体结构的分析、遗传密码的破译等。而行踪不定的宇宙射线的发现，则不但使人类认识了更加广阔的宇宙，它更是大大加快了人们对原子、原子核以及形形色色粒子的认识。正是射线把人类对宏观宇宙的认识同微观世界的探索紧密地结合在一起，从而使科学家们在浩瀚无垠的科学世界探索出一个又一个的新天地，发现一个又一个不可思议的新世界。所有这一切无不吸引着热爱科学的人们的目光。

本书在为青少年朋友们展示这些诡秘射线的同时，还将笔触伸向了研究射线的科学家们。青少年朋友在书中可以体会到科学家们不畏艰难的探索精神、精巧美妙的科学方法、严谨周密的逻辑思维、富于创新的卓越品格和他们成功后的甜美喜悦，正是他们这种执着地追求真理的精神，不断吸引优秀的年轻人补充到科学家队伍之中，使科学技术的队伍不断壮大，科学的事业更加辉煌，人类文明水平不断提高。

我们相信，阅读本书之后，青少年朋友们对那些射线的“诡秘”性质会有所认识。当然，大自然可能看上去有些“诡秘”，但大自然并无恶意，对科学征途上的无畏勇士来说，其中的秘密总会有被显露出来的那一天。也许未来的科学家们能更深刻地去认识自然的“诡秘”，那不但对个人是有趣的，对全人类也是有益的。

王德云　刘树勇

2012年10月于北京

目　录

五 神秘的“天外来客”

六 寻找射线的秘密武器

一、奇妙的阴极射线

自然界呈现着形形色色的现象，真是令人眼花缭乱。在这众多的现象中，蕴含着物质世界无穷无尽的奥秘。人类就是在认识这些自然现象和揭示其中秘密的过程中，不断地推动科学技术的发展和社会的进步。其中人们对阴极射线的研究与探索便是典型的范例，这是19世纪人类在自然科学领域做出的重大发现之一，正是这一杰出的研究成果，导致了新型发光材料的问世和新型发光技术的应用；导致了电子的发现，为人类早日打开原子的大门奠定了基础。

● 著名的“费城实验”

电闪雷鸣这一为人们所熟知的自然现象，自古以来一直吸引着人们的目光，人们对这一现象的研究也可谓由来已久。

早在18世纪中期以前，人们对电的知识还知之甚少，对电的现象还很陌生。因此，那时的人们给闪电这一自然界司空见惯的放电现象披上了神秘的面纱，认为天上有“雷公”、有“电母”，把雷电称为“神火”。

为了彻底揭开雷鸣电闪的谜团，让人们认识其“庐山真面目”，一个令人吃惊的“捕捉”雷电的实验，在美国费城拉开了帷幕，并取得了巨大的成功，这便是历史上轰动一时的“费城实验”。费城实验是由美国早期杰出的科学家——本杰明·富兰克林完成的。

富兰克林1706年出生在美国波士顿城一个贫穷的家庭，他的父母经营一间做肥皂和蜡烛的小作坊。富兰克林小时候就帮助父母干一些零活，剪烛芯、浇灌烛模他都会做。年仅12岁时，富兰克林就当上了一名印刷徒工。1728年，他与别人合伙办起了印刷厂。从此，富兰克林就成了一名普通的印刷工人。

美国科学家富兰克林

早在1746年的时候，富兰克林就一面工作，一面从事有关电的性质方面的研究，尤其在大气放电方面，他做了大量的实验，并取得了显著的成就，为人类做出了特殊的贡献。1747年，富兰克林第一次把自然界中的电荷划分为两种：阳电（正电）与阴电（负电）。他把玻璃棒与丝绸摩擦时，玻璃棒上带的电荷称为阳电；而把橡胶棒与毛皮摩擦时，橡胶棒上带的电荷称为阴电。电荷的这种划分方法一直沿用至今。

在进行电的性质实验中，富兰克林惊奇地观察到，带有不同性质电荷的两个物体，当它们互相接触时会产生火花，这一重要发现使他受到很大的启发，他联想到了天空中发生的闪电现象。为了探索闪电的秘密，及早揭开“神火”的面纱，寻找闪电与电火花之间的联系，1752年7月，他冒着生命危险，开始了“捕捉闪电”这一惊人的实验工作。

当时的天气正值雨季，时常有雷阵雨发生，是进行闪电实验的好时机。有一天，费拉尔德菲亚城的上空阴云密布，雷声滚滚，一场大雨即将来临。就在这个时候，富兰克林和他的儿子一起，用一根粗铁丝将丝绸做成的风筝，慢慢地送上了高高的天空。然后，把一条麻绳牢牢地系在铁丝的下端。他们父子俩站在草棚的屋檐下，富兰克林用力拉着绳子，在绳子的下端还系着一把金属做的钥匙，钥匙孔上拴有一条丝带。

一切准备就绪。这时，天空电闪雷鸣，他们静静地观察着，看有什么现象发生。实验开始时，并没有看到什么异常的现象。过了一会儿，下起了倾盆大雨，风筝和麻绳已经被雨水淋湿。这时，带着雷电的大块乌云，刚好飘浮在风筝的上空。于是，拴着风筝的铁丝便把阴云中的电荷引了下来，这时他们看到绳子上松散的细麻丝立即向四周竖了起来。这一现象表明，风筝和麻绳全都带上了电。随后，富兰克林又把带有电荷的钥匙与放在身旁的莱顿瓶上的金属球相接触，这等于给莱顿瓶充了电。紧接着，他又用莱顿瓶放出的电火花点着了酒精灯。实验成功了！

这一连串精彩的实验结果，充分表明了闪电与人工摩擦方法获得的地上的普通电荷没有什么两样，丝毫看不出它们之间的差异。这样一来，闪电神秘的面纱就被彻底揭开了，露出了它的“庐山真面目”。闪电并不是什么“神火”，而是自然界发生的一种大规模的放电现象。当带有大量不同性质电荷的云团相互接近时，它们之间产生的强大电场将空气电离，从而产生火花放电；当带电云团与地面之间发生放电时，便会产生大家熟知的雷击现象，往往会引发火灾，危及人和动物的生命安全，造成财产的损失。为此，富兰克林还研制出“避雷针”，这种避雷针实际上就是一根带尖的铁棒。将它安装在建筑物的顶端，并用导线连接到地面，当带电的云团在建筑物上空游动时，云中的电就在避雷针上感应出相反的电荷，并使二者的电荷中和，这样就避免了雷击。富兰克林在费城竖立起了世界上第一根避雷针。

发生闪电时，云层之间、云层与地面之间的电势差高达几十亿伏，放电电流可达到几十万安。产生的雷声能够传至几千米，甚至几十千米远；强大的闪光数千米以外都可以看

避雷针的发明使人类避免了许多灾害

到，真是一幅奇妙的天然景观。由此不难看出，当闪电发生时，云层之间的放电是多么猛烈。

闪电放电的时间非常短暂，仅有0.01秒，有时会更短。然而，这瞬间释放出来的能量却高达1×10^6亿焦，相当于1万吨优质煤完全燃烧时所释放出来的巨大能量。想想看，如果有什么好的办法，将这一可观的天然能量贮存起来，供人们使用，造福于人类，这无疑是一件非常有意义的事情。如何实现这一美好的愿望呢？还有待于人们去研究、去探索。

青蛙实验引发的思考

1780年，意大利波洛尼亚的一位名叫路易吉·伽伐尼的医生，利用闪电替代电机产生的电火花，进行有关“动物电”的实验研究。当大雨来临的时候，伽伐尼便在小院中间架起一根与地面绝缘的长铁丝，在铁丝上挂着一条青蛙的大腿，大腿的下端用另一根铁丝与院中的井水相连。实验中，每当电闪雷鸣的时候，他便清清楚楚地看到青蛙的大腿在不断地抽动，好像死了的青蛙，而它的大腿还活着。对这一实验现象，伽伐尼经过仔细地分析研究，明确指出，这种新奇的现象并不神秘，它是一种“电”在起作用。

为了进一步揭示这一实验结果的真相，伽伐尼又进行了深入地研究。他把两种不同金属的导线与青蛙大腿组成一个闭合的导电回路。这时，他发现青蛙大腿的抽动现象消失了。伽伐尼把这一重要发现和实验中观察到的结果，撰写成论文公布于众。文章发表后，引起了人们极大的兴趣。当时人们对伽伐尼的发现给予了高度的评价，认为伽伐尼出色的工作，在生物学、物理学以及医学等领域将引发一场风暴。这个实验的条件比较简单，很容易重复做，凡是有青蛙的地方，只要手头有两种不同的金属材料，人人都能够做这个实验，亲眼看到断肢“复苏”的奇妙现象。实际上，这就是人们早期对生物电流的一种尝试。

不论富兰克林引闪电的实验，还是伽伐尼关于青蛙的“生物电”实验，都是借助于自然界中的电现象来完成的。通过这些耐人寻味的实验，启发了人们新的思索：能否用人工方法产生的电来进行实验呢？如果这种想法能够实现，再做这些实验的时候，人们就可以不受自然条件的限制了。这样，无论在室外还是室内，都能够随心所欲地进行实验，从而为实验工作带来了极大的方便。

意大利科学家伽伐尼

19世纪前后，人们经过长时间的研究与探索，

意大利科学家伏打

终于找到了产生电的方法。其中，一位名叫伏打的意大利科学家，他研制出了“伏打电池”。他在一个装有盐水的玻璃瓶内，放入一块铜板和一块锌板，便组成了一个小电源。这种比较原始的电源，就是如今人们经常使用的各种型号的干电池的前身。它的出现，无疑为电学的研究提供了非常有利的条件。由于这种电源的体积比较小，便于移动和携带，有力地推动了电学实验的开展。在19世纪，电学领域的研究工作飞速发展，并取得了许多重要的成果，其中包括欧姆定律的形成、电磁感应现象的发现、麦克斯韦方程组的建立等。

1851年，法国的一位科学家鲁姆科夫，研制出了性能很好的电感线圈，这种电感线圈可以产生20多万伏的高压。使用这种电感线圈产生的放电火花，可长达40多厘米，那跳动的火花，令人兴奋不已。此后，电感线圈又经过了多次改进和完善。至今，它仍然是实验室必不可少的高压电源。

多姿多彩的盖斯勒管

火花放电现象吸引着众多的爱好者，不少人参与了这一现象的研究。为了便于对放电现象观察、研究，有人把它引入玻璃管内：在一个密封的玻璃管中，装有两个电极，再把电极与电感线圈相连接，接通电源以后，把玻璃管中的空气慢慢抽出来。一边抽气，一边注意观察玻璃管内会发生什么现象。

实验开始时，两个电极之间并没有出现噼啪作响的放电现象。但是，当玻璃管内的空气抽到相当稀薄的时候，你就会发现玻璃管内的气体会发光。大家知道，空气是看不见的，而且，空气本身也是不发光的。那么，玻璃管中的发光现象究竟是怎么一回事呢？经过反复实验、仔细观察，人们终于认清了事情的真相。原来，玻璃管中的发光现象，是由于管中气体放电产生的，这与前面讲到的闪电现象是同一个道理，只是没有发出响声而已。当然，玻璃管中放电的规模和剧烈程度是无法与闪电的放电情形相比的。这就是历史上人们早期在实验室中观察到的气体放电现象，它距今已有100多年的历史了。

那个时候，德国有一位吹玻璃泡的工人，名叫盖斯勒。

1854年，盖斯勒精心研制出了一台水银真空泵。利用这种泵，能够将玻璃管中的气体抽得比较干净，从而可以获得高度的真空，使管内的气体压强降到1万帕以下，这就为研究气体放电规律提供了有利的条件。

在实验中，人们根据不同的需要，在已抽成高度真空的玻璃管内，充入各种不同的稀有气体。当管中两个电极之间接入高压时，产生放电现象，由于不同的稀有气体放电时会发出不同颜色的光，这样，人们便可以看到玻璃管内五颜六色的彩光。盖斯勒的手艺非常高超，他能够吹制出形状各异的玻璃管，构成各种各样的图案；再在每一种玻璃管组成的图案内，充入少量的稀有气体，给它们接通电源以后，不同图案由于充入的稀有气体不一样，于是，人们便可观赏到绚丽多姿的发光图景。这些妙趣横生的彩色玻璃管，给人们留下了难以忘怀的记忆。因此，人们常常亲切地把这些玻璃管称为盖斯勒管，实际上，这就是如今广为流行的霓虹灯的前身。

从那时候起，随着社会的发展，科学技术的进步，盖斯勒管也在不断地改进和完善着，逐渐发展成了今天的霓虹灯。目前，霓虹灯已成为点缀城镇美丽夜景的一道亮丽的风景线。它作为一种气体电光源，在装饰门面和广告宣传等方面得到了广泛的应用。人们还可以把细长的玻璃管做成图案、文字、广告牌等，并根据所需要的颜色，在管中充入相应的气体。比如，充入氖气，会发出橘红色的光；若充入的是氩气，发出的光是淡蓝色的。如果在玻璃管的内壁涂上不同的荧光粉，可以发出多种颜色的光，让人眼花缭乱、耳目一新。倘若把不需要发光的部位全部涂黑，这样，所需要的图案、文字就越发突出，更引人瞩目，就会产生更好的视觉效果。

克鲁克斯的贡献

盖斯勒管发出的奇光异彩，引起了英国科学家威廉·克鲁克斯极大的兴趣。在盖斯勒工作的基础上，克鲁克斯致力于提高玻璃管真空度的研究，以便更好地观察玻璃管中气体的发光情况。经过深入探索、反复实验，研制出了以他的名字命名的“克鲁克斯管”。使玻璃管内的真空度在原来的基础上，又提高了几万倍，已不到0.01帕。用这种高真空度的玻璃管，进行气体放电

英国科学家克鲁克斯

现象的实验，取得了不寻常的效果：以前放电时的发光现象看不到了，而在阴极对面的玻璃管壁上却看到了奇妙的黄绿色的光。玻璃本身是不会发光的，那么，这种带有颜色的光究竟是怎么产生的呢？为了寻找答案，克鲁克斯对实验进行了认真的分析，他认为只有一种可能的解释：从阴极发射出了一种人们看不到的射线，或者是一种尚未被人们认识的极其微小的粒子，这种射线或微小的粒子与玻璃管壁相撞后，产生了一种发光现象。为了验证这种推断是否正确，克鲁克斯制作出一个形状很像鸭梨的大玻璃管，并在管内安装了两个电极。实验时，他首先将管中的气体抽出，使管内形成高度的真空；然后，在两个电极之间加入高压。实验中，他清楚地看到了那诱人的黄绿色的光，但发光位置仅限于梨形玻璃管的底部。然而，引起管壁发光的这种物质到底是什么，他仍然没有认识清楚。但是，有一点是可以肯定的，这种物

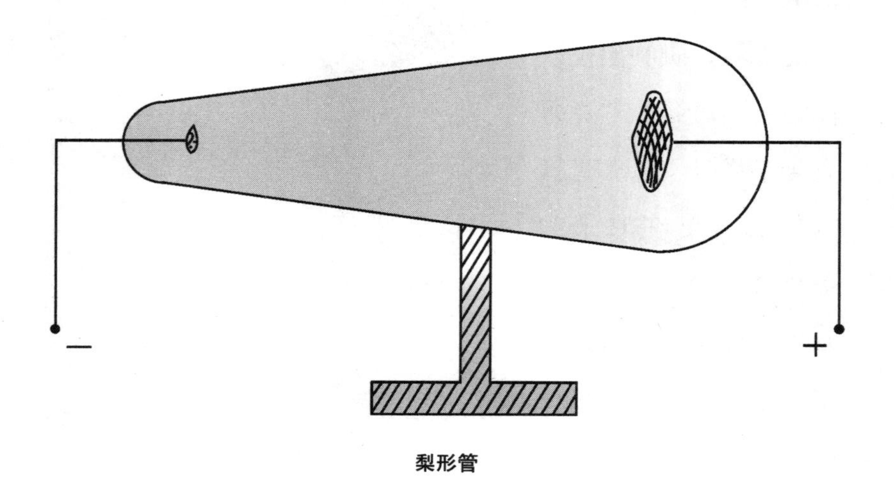

梨形管

质是从阴极发射出来的，因此，克鲁克斯把它叫作“阴极射线”；产生这种射线的玻璃管叫作“阴极射线管”，也就是前面谈到的克鲁克斯管。

“阴极射线”的真实身份究竟是什么呢？它是一种“光波”，还是一种“粒子流”，这是大家非常关注的问题，关于这个谜团，人们曾经争论了长达20多年。在这期间，不少人设计过各种各样的实验，用来研究、观察这种射线的行为。有的科学家在真空玻璃管中的两个电极之间，放置一个用云母片制作的小风车，当接通电源时，可以看到小风车立即旋转起来。凡是亲手玩过风车的，或者看见别人玩过风车的人，都会有这样的常识：把小风车放在阳光下，不论照射的阳光有多强，只要没有刮风，风车是不会转动的；只有被风吹动，或者拿着风车向前跑动时，风车才会旋转起来。可见，要想使风车转动，必须给它一个推力。由此，人们联想到玻璃管中的小风车，一定是受到了足够大的作用力，才转动起来的。像光线那样的射线，显然没有那么大的冲击力能够让风车转起来。那么，使小风车转动起来的真正原因是什么呢？有人认为，一定是高速运动的粒子流在起作用吧！

进而，人们推断：从阴极发射出来的射线并不是一般的无形射线，如太阳光、灯光等，而应是粒子流。由此人们得出结论，阴极射线不是别的，而是由阴极发射出来的高速运动的粒子流，这些粒子被人们称为阴极射线粒子。至此，人们对阴极射线的认识取得了突破性的进展。

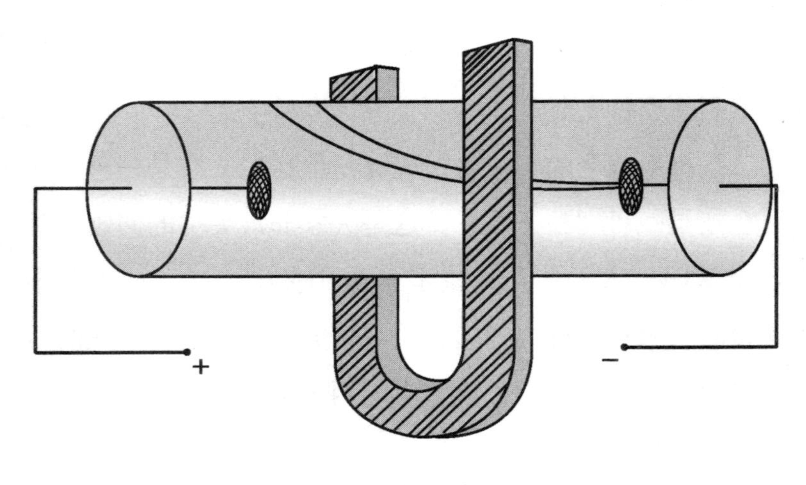

马蹄形磁铁

然而，问题并没有了结。人们自然会问，阴极射线粒子到底是一种什么样的粒子呢？为了进一步揭开这个谜底，人们同样设计了不同形式的实验，对这种粒子的性质进行了深入细致地研究。其中具有代表性的一个实验是这样的：首先，在靠近阴极射线管的下方，放置一个马蹄形磁铁。当管中的电极板接通电源时，可以清楚地看到，玻璃管壁发光的位置向上偏移，表明射线粒子受到一种向上的作用力；随后，人们把磁铁拿开，而在射线管附近放置一对金属板。将金属板与电源的正、负极相接，这时，看到玻璃管壁发光部位向下偏移了。根据阴极射线粒子在电磁场中的运动情况，可以清楚地知道，这种粒子带有电荷，并且带的电荷是负的。这样，人们经过一系列的实验研究，终于对阴极射线粒子的性质有了更加深入的认识，克鲁克斯为此做出了重要的贡献；同时，也为人们进一步彻底认清阴极射线粒子的真面目，奠定了坚实的基础。

“宇宙之砖”神话的破灭

在对阴极射线大量研究工作的基础上，为了进一步揭示电与实物的联系，英国一位著名的物理学大师约翰·汤姆逊从1886年起，对气体放电现象和阴极射线便开始了长期深入的研究，并且为揭开原子的秘密，进行了具有划时代意义的探索工作。

2000多年以来，人们一向认为原子是构成世间万物的最基本单元，是无法再分割的最小微粒。人们通过对阴极射线粒子性质的测定，已经知道它带有负电荷。而原子是呈中性的，显然，阴极射线粒子绝不是“原子流”。既然如此，它究竟是什么呢？这一令世人关注的难题，汤姆逊经过近十年的潜心研究，终于找到了明确的答案。

事情是这样的，1897年，汤姆逊使用一只真空玻璃管，对阴极射线粒子的电荷与质量的比值进行了精确的测定。他在玻璃管内安装了两个电极，玻璃管右端的内壁涂有荧光物质，一旦有粒子打在这种物质上，立刻有闪光发出，这样便于人们观察与测量；另外，在玻璃管的中部平行放置两块金

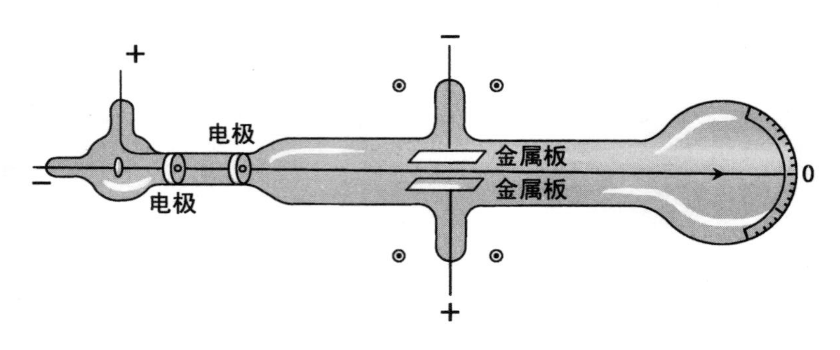

汤姆逊的真空玻璃管

属板。

将电极与电源接通，于是有粒子从阴极发射出来，这些粒子穿过阳极板后，直接打到玻璃管右端中间的位置，人们能够清楚地观察到黄绿色的光斑。然后，将金属板与电源相接，玻璃管周围空间建立起电场。这时，若有带电粒子从中穿过，必定受到电场力的作用，使粒子的运动方向发生改变，粒子会向上或向下偏转，这样，玻璃管右端发光位置也会跟着上下移动。

倘若把玻璃管置于磁场中，那么，带电粒子在磁场中运动时，要受到磁场力的作用，粒子的运动方向也会发生改变。于是，人们可以根据阴极射线粒子在电场力和磁场力作用下的偏转情况，测量出粒子所带电荷与它的质量之比，这个比值被称为粒子的“荷质比”，不同的粒子，这个比值是不一样的。因此，人们常常把荷质比视为一个粒子的标志量。只要在实验中，将一个粒子的荷质比测定出来了，就意味着这种粒子已经被找到了，这是人们确定粒子和区分粒子的非常重要的方法。

汤姆逊当时发现的这种粒子，正是如今人们非常熟悉的“电子”。由此不难看出，阴极射线是由电子组成的粒子流。至此，长期以来披着神秘面纱的阴极射线，终于被人们彻底认清了它的真面目。

由于汤姆逊最先确认了电子的存在，因而，他常常被人们赞誉为“电子之父”。

电子的发现，意义非常深远。人类对于物质微观结构的探索，经历了漫长的岁月，走过了坎坷的历程。电子发现之前，人们一直认为原子是自然界中不能再分的最小单元。原子的英文是“atom”，在希腊文中就是不可分割的意思。氢原子是原子大家族中最轻的成员，有“宇宙之砖”的美称。然而，通过阴极射线粒子荷质比的测定，知道这种粒子的质量非常小，仅有氢原子质量的两千分之一。言外之意，自然界中还存在着比氢原子小得多的粒子。这样，氢原子“宇宙之砖”的美称也就破灭了。

众多的科学家，由于受到长期以来传统观念的束缚，对于汤姆逊给出的实验结果，他们不敢相信。在这些人的心目中，自然界不可能存在着比原子更小的粒子。因此，他们认为汤姆逊的测量结果是荒唐可笑的；甚至，有些人竟然把汤姆逊的这一重大发现，嘲讽为江湖骗子。

面对着世俗的偏见和一些人的冷嘲热讽，汤姆逊并没有

英国科学家汤姆逊

退缩，这正是他与众不同之处，也正是他的可贵之处。他敢于面对实验事实，勇于打破“宇宙之砖”的神话，果敢地承认：自然界存在着比原子更小的粒子。

电子是人类认识的第一个“基本粒子”，电子的发现具有划时代的意义。因此，汤姆逊因为这一杰出贡献而名扬天下。

汤姆逊1856年12月18日出生在英国曼彻斯特附近的市郊，他自幼聪明好学，14岁时就进入曼彻斯特的欧文学院学习。汤姆逊最突出的特点是善于独立思考，学习中遇到的新问题，他总是凭借自己的努力，使问题得到解决。

后来，汤姆逊又来到英国著名的剑桥大学三一学院学习。在这期间，由于他的学习成绩出类拔萃，他成了三一学院第二位“斯密斯奖学金”的获得者。

1880年，汤姆逊开始攻读博士学位，毕业后留校工作。

1884年，他被英国著名的实验室——卡文迪什实验室聘任为物理学教授，当时年仅28岁。

1918年，汤姆逊开始担任三一学院的院长，在这个职位上，他辛勤耕耘了22年，直至1940年8月30日逝世。

汤姆逊一生中，从事科学研究工作长达半个多世纪。在剑桥，他建立起规模庞大、设备非常完善的实验室，世界各地的科学家经常到这里开展研究工作，其中有7位科学家相继荣获诺贝尔奖，有55位成为各大学的教授。

汤姆逊的一生，可谓成绩卓著，他最具代表性的科学成果当属电子的发现。为人类探索物质微观世界的奥秘，他做出了开拓性的工作，也因此荣获了1906年度的诺贝尔物理学奖。

另外，通过大量的实验，汤姆逊还发现了一个重要的现象：不管阴极板是用什么材料制作的，由阴极发射出的粒子总是一模一样的，这表明这种粒子是组成各种材料的共同成分。换句话说，电子是组成各种原子的共有成员。若事实果真如此，那么，必然会出现新的矛盾。人所共知，原子是呈中性的，如果原子内存在着带负电的粒子，显然，原子内必定还有带正电荷的成分。由此人们不难看出，原子不是一个简简单单的粒子，它一定有着复杂的内部结构。这样一来，“原子不可分”的传统观念也就不攻自破了，人们对原子的认识，从此将揭开新的篇章，这也标志着人类对于物质微观结构的探索迈入了崭新的阶段。因此，汤姆逊的重大发现，不仅在物理学发展史册上具有里程碑的意义，而且还有着非常重要的哲学意义，它无可争辩地证实了，物质无限可分的观点的正确性。

因此，汤姆逊被人们赞誉为最先打开原子物理学大门的伟人。

二、X射线之谜

一个重要自然现象的发现，往往会影响和带动一个甚至几个科学技术领域的研究与发展，19世纪末X射线的发现就是一个很好的范例。X射线发现之后的第二年，人们便发现了天然放射现象，从而为人类探索物质的微观结构，开辟了一条崭新的途径。此后不久，X射线又开始应用于医学领域，从而为医学领域的诊断和治疗带来了一场深刻的革命，给人类带来了莫大的福音。X射线从发现到临床应用，只经历了短短几个月的时间，创下了科学发展史上的奇迹。

● 伦琴的礼物

19世纪，是人类历史上一个非常重要的发展时期。工业革命的兴起，带动了基础理论的研究；反过来，基础理论的研究成果，又进一步推动了工业的发展。特别是19世纪中期，随着电力的广泛应用，人们对于生产过程中出现的放电现象，产生了浓厚的兴趣，其中对阴极射线的研究，到19世纪的后期，已经形成了热潮。

这一研究领域中，具有代表性的人物当属德国杰出的科学家伦琴了。威廉·康瑞德·伦琴于1845年3月27日出生在莱茵河靠近荷兰边界的伦内普，从小伦琴就喜欢到野外活动和参加一些手工劳动。1862年，年满16岁的伦琴进入乌德勒支技术学校学习；两年以后，他考取了苏黎世科技学校，成为一名机械工程专业的学生。

在校学习期间，他的一位老师——物理学教授孔脱，希望他能够放弃技术职业方面的学习，专门从事纯科学方面的研究工作。孔脱教授的指引，对于伦琴一生跋涉科学旅途起了决定性的作用。常言道：有千里马，还需要有伯乐；做千里马难，做伯乐更难。

1868年伦琴取得了机械工程文凭之后，第二年他又取得了哲学博士学位。完成学位以后，他作为孔脱教授的助手，开始从事教学和科学研究。在孔脱老师的支持与帮助下，加上自己的刻苦努力，伦琴的事业取得了极大的成功，他先后被霍恩海姆农学院、施特拉斯堡大学、乌德勒之大学、维尔兹堡大学等院校聘为教授。1894年，伦琴担任了维尔兹堡大学的校长。1895年，伦琴在前人工作的基础上，继续深入研究阴极射线的有关问题。在一个严冬的夜晚，伦琴正在维尔兹堡大学的实验室里全神贯注地做实验，实验中，他发现了一种意想不到的现象，这使他感到格外的兴奋。

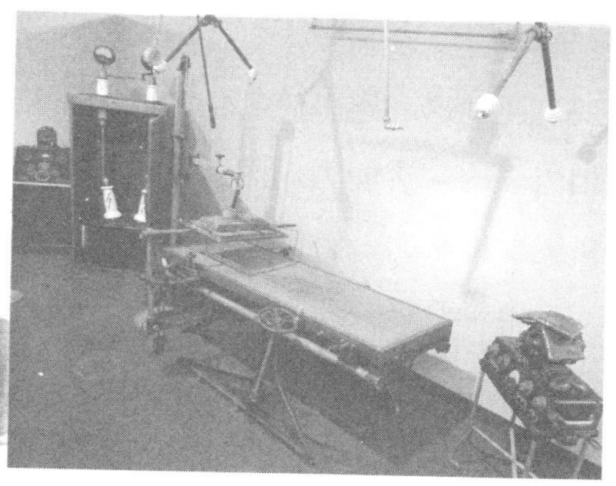

伦琴和他的实验室

实验的过程是这样的：当伦琴把高压线圈产生的几万伏特的电压，接到真空玻璃管内的电极上时，在两个电极之间产生了一种看不见的，但性质又非常特别的射线。这种射线，能够使涂在玻璃管壁上的荧光物质——氰化铂钡发出黄绿色的光。若把涂有这种物质的屏幕离开玻璃管一段距离，并且中间用一块硬纸板把玻璃管挡住，依然可以看到屏幕上发出的荧光，这是以前实验中从未遇到过的现象。

根据有关阴极射线的实验，人们已经知道，阴极射线是一种粒子流，它绝不会跑到玻璃管外面来，更没有本事穿过这样厚的硬纸板。伦琴对这一实验结果感到很奇怪，他觉得真是难以理解。

为了进一步研究这种新射线的性质，搞清楚这个不速之客的真实“身份”，伦琴在玻璃管与屏幕之间放了一本比较厚的书，结果照样可以看到荧光。随后，他又把一块薄木板放在了书的后面，仍可清楚地观察到荧光，只是荧光的亮度有所减弱。

通过这一连串的实验，我们不难看出，这种新射线具有相当强的穿透能力。因此，伦琴断定，这种射线绝不是从阴极发射出来的，它是以前人们从未遇到过的一种新的射线。

伦琴继续进行实验时，更有趣的事情发生了，当他把自己的左手放到玻璃管与屏幕中间时，惊奇的一幕展示在他的面前：他的手指骨清晰地出现在屏幕上，好像是五根黑糊糊的干树枝拼凑起来的一样。毫不夸张地说，这是他一生中最惊奇的发现。实际上，伦琴是世界上第一位透过人的皮肤和肌肉组织，能够直接看见骨头的人。

后来人们为了纪念伦琴为科学事业做出的重大贡献，便以他的名字命名这种新射线，即“伦琴射线”，伦琴也因为发现伦琴射线而荣获了1901年度诺贝尔物理学奖。他是自诺贝尔奖颁发以来第一位获此殊誉的人。伦琴把获得的奖金赠送给了维尔兹堡大学，用以促进学校科学研究事业的发展。

伦琴的一生，致力于物理教学和科学研究工作，发表的论文达365篇。在物理学的不少领域，特别是力学、电学、热力学等方面，取得的成就尤为突出，为物理学的发展做出了杰出的贡献。

伦琴新射线的发现及其重要的实验成果，引起了人们广泛的关注和极大的兴趣。尤其是医学界，更为重视，很快给医学领域带来了一场深刻的革命，这也是给世人带来的福音。伦琴做出的贡献，是向人类、向新世纪奉献的最可贵的礼物。

揭开新射线的谜团

伦琴发现的新射线到底是什么呢？为了认清它的本质，人们从各方面对射线的性质进行了深入的研究。然而，十几年过去了，仍然没有给出肯定的答案。于是，人们便采用了数学语言中的未知量“X”，赋予这种射线一个奇怪的名字——X射线。这样一来，使这种新射线从发现时起，就披上了一层神秘的面纱，而这个名称却一直沿用至今。

德国物理学家劳厄在前人工作的基础上，继续对X射线进行仔细地研究。他将X射线照射到晶体制作的靶上，于是，他在屏幕上观察到了非常熟悉的衍射图样。依据这种衍射现象，劳厄指出，X射线不是别的，而是一种波长非常短的电磁波。这一重要论断，犹如拨开乌云见晴天，困惑人们多年的谜团终于被揭开了。劳厄由于发现了X射线在晶体中的衍射现象，并进一步揭示了X射线的本质，因而在科学界享有很高的声誉，并且荣获了1914年度的诺贝尔物理学奖。

如今，人们对于X射线已不陌生，已经知道它是高速运动的电子与固体相撞时产生的一种电磁辐射。同人们熟悉的可见光相比，X射线的波长是非常短的，一般在0.001纳米到10纳米。人们把波长大于0.1纳米的称为软X射线；把波长小

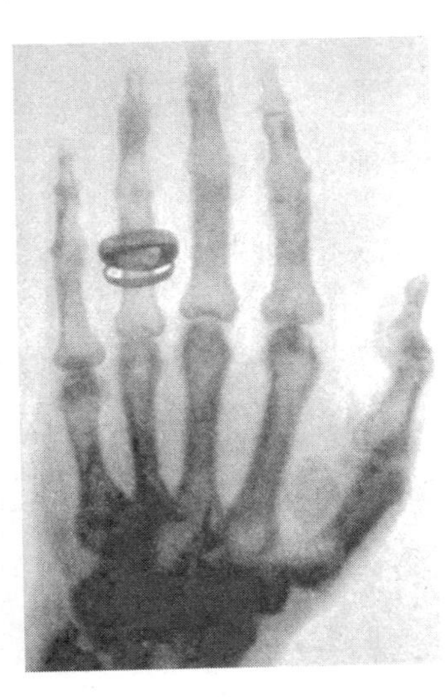
伦琴夫人的手指X射线照片

于0.1纳米的称为硬X射线。

X射线除了具有可见光波的一般特征，诸如反射、折射、干射、衍射等现象以外，它还具有一些特殊的性质，主要表现有：

第一，由于X射线波长非常短，因此，它具有很强的穿透本领。在伦琴发现X射线的实验中，我们已经看到了这一点，它能够穿透比较厚的硬纸板和书。X射线的这一重要特征，有着广泛的应用。伦琴把发现X射线的实验过程和观察到的现象写成了论文，发表在医学杂志上，并将他夫人手指骨的照片也公布于世，这引起了各方面强烈的反响，特别是医学界，对此尤为重视。X射线发现后仅3个月的时间，维也纳的一家医院在外科治疗中，首先采用X射线给患部拍片，用来诊断病情。这一方法的应用，不仅缩短了诊断时间，而且使病情的诊断也更加准确，这样更有利于疾病的治疗。从X射线发现到实际临床应用，周期如此之短，这在科学技术发展史上是前所未有的。

第二，X射线具有很好的感光作用。它能够使氯化锌、硝酸银等荧光物质发光，也很容易使照相胶片感光。X射线的这一性质，也得到广泛的应用，为医生做胸透、断层分析、诊断外科病情等提供了简便而有效的方法，对于病人来说，也没有任何痛苦的感觉。

第三，X射线有很强的电离作用。当X射线从气体中穿过时，它能够使气体电离，从而将中性的气体变成带电的离子。X射线的这一作用在纺织、印刷等行业中有着重要的意义。纺织、印刷等生产过程，由于摩擦使物体及周围空间积累大量的电荷，气体电离后产生的电子和离子，能够将这些电荷中和，从而消除了静电隐患，保证了生产安全进行。另外，还常常运用这种方法进行静电除尘，使周围环境得到净化，有益于人们的身心健康。

探析精巧的晶体结构

谈到晶体，人们会马上联想到冬天下雪时飘落的雪花，那是水蒸气在空中凝结而成的晶体。尽管雪花的形状各异，但当你仔细观察时，不难看出，它们都是规则的六角形图案。金刚石和石墨晶体的空间结构，可谓巧夺天工，令人赞叹不已；水晶的结构更是让人耳目一新，独放异彩……每一种晶体都有自己独特的造型，真可谓千姿百态，人们被晶体结构那神奇的构造、巧妙的组合所倾倒。

对晶体结构的研究，是人类探索物质微观结构的重要组成部分。随着科学技术的发展，探测手段的改进，人们对于

雪　花

晶体结构的认识也在不断地深入。矿物的开采等，使人们对晶体的外部特征有了一些感性的知识，而妙趣横生的晶体外形，又必然驱使人们去进一步探究其内部巧妙的结构。

早在17世纪初，著名的天文学家开普勒在《六角形的雪》一书中就曾指出：雪是由许多球体紧密堆积而成的。荷兰的一位名叫惠更斯的物理学家，于1690年也提出：方解石晶体是由椭圆形的小微粒组成的。

到19世纪中期，人们对晶体内部结构的研究取得了突破性的进展，已经认识到晶体是由原子组成的。而组成晶体的这些原子，它们按照一定的规则排列得整整齐齐，原子之间的距离很小，晶体这种有规则的内部结构，常常被人们称为“空间点阵”。

有关晶体的这些看法，在那个时候由于缺乏足够的实验依据，还只是作为一种假设提出来的。晶体的内部结构究竟是什么样子，还有待于进一步的研究。X射线的发现，无疑对这一问题的解决发挥了重要的作用。

20世纪初期，德国物理学家劳厄曾对X射线进行过深入地探索。劳厄明确指出，如果把晶体的点阵结构视为一个光栅的话，当X射线照射到晶体上时，在晶体中离子的作用下，便会产生衍射现象，如同一束普通的光，照射到光栅上产生的衍射现象一样。在劳厄这种思想的引导下，一些科学家成功地进行了这方面的实验，并且取得了令世人瞩目的成果。

实验中使用了能够产生X射线的X射线管，由射线管发出的X射线，通过铅板之间的狭缝以后变成了一窄束。当X射线照射到晶体上时，屏幕上能够清楚地看到X射线产生的衍射图样。在X射线照射下形成的衍射图样，称为“劳厄斑”。这一实验结果，充分证明了人们关于晶体内部结构的假设是正确的，同时，也进一步证实了X射线是一种波长很短的电磁波。至此，人们对于X射线的性质有了更加清楚的认识。

劳厄关于X射线在晶体中衍射现象的发现具有重要的意义，它为人类研究、探索物质的微观结构，开辟了一条崭新的途径和有效的方法。故此，劳厄荣获了1914年度诺贝尔物理学奖。爱因斯坦称赞劳厄的发现“在物理学中是一种最优秀的发现”。

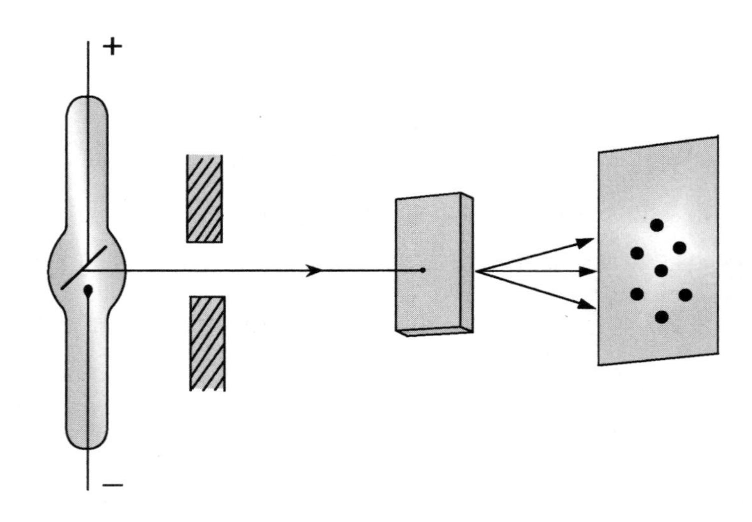

X射线晶体衍射

父子同获诺贝尔奖

在劳厄研究工作的基础上，英国著名的物理学家亨利·布拉格和劳伦斯·布拉格父子俩对X射线在晶体中的衍射现象，进行了更加细致的研究，并做出了突出的贡献，为揭示晶体内部的结构，开拓了新的途径。

劳伦斯·布拉格1890年3月31日，出生在澳大利亚南部的阿德莱德。他在阿德莱德大学学习期间，数学学习非常出色，成绩名列前茅。1909年，年轻的劳伦斯·布拉格来到了英国剑桥大学三一学院学习，他希望把自己培养成为一名出色的数学家。然而，一年之后，布拉格改变了自己原来的想法，他对物理学产生了浓厚的兴趣。这一改变，对于他后来的成长产生了非常大的影响。兴趣爱好，对一个人来说，在他成长过程中所起的作用，往往是难以估量的。这方面的事例不乏其人。每一位年轻的读者，都会从布拉格的成长经历中获取有益的启迪。

英国科学家劳伦斯·布拉格

1912年，劳伦斯·布拉格在三一学院获得了第一级荣誉学位。这一年的秋天，他开始研究劳厄关于X射线在晶体中的衍射问题，并取得了新的进展。在以后的两年中，他又与其父——亨利·布拉格密切合作，共同研究X射线在晶体衍射中更深层次的问题。

他们通过这一衍射现象发现，在晶体内部，原子或离子都是按照一定的格式，在空间有序地排列着，形成了一组组平行的平面，也就是前面谈到的“空间点阵”结构。它是人类运用X射线技术，研究晶体结构取得的重大成果。

在以后的工作中人们还发现，利用同样的方法，借助于X射线的衍射结果，还可以研究大分子的结构特征……在大量实验工作的基础上，布拉格父子还总结出了认识晶体结构的重要规律，被世人称为“布拉格公式”，从而为人们开展这方面的研究工作提供了有益的理论依据。

由此可以看出，X射线的发现，为透析晶体结构、探索物质微观的奥秘提供了非常好的方法和手段。

与此同时，如果人们知道了某种晶体的结构，那么，反过来也可以利用布拉格公式，很容易计算出X射线的波长。由此，人们找到了一种能够测定X射线波谱的有效方法，通常称为“晶体法”。

随着研究工作的深入，布拉格父子于1913年的3月创造性地研制出了第一台X射线摄谱仪。这台仪器有着多方面的用途，用它既可以进行X射线的光谱分析，也可用来探求X射线与普朗克常数之间的关系等。不仅如此，他们还把复杂的晶体结构有关问题进行简化，然后制成标准程序，并编写成书——《X射线与晶体结构》，为人们从事这方面的研究，提供了有益的方法和理论依据。

鉴于布拉格父子利用X射线分析研究晶体结构方面做出的卓越贡献，他们二人共同分享了1915年度诺贝尔物理学奖。获此殊荣时，劳伦斯·布拉格年仅25岁。时至今日，他依然保持着诺贝尔奖获奖者中年纪最轻的记录，成了年轻一代学习的楷模。

父子俩共同研究、探索同一个课题，并且同时获此殊荣，这在诺贝尔奖颁发的历史上尚无先例。这也成为科学史上的一段佳话。从前人那里发现智慧，从前人那里受到启迪，对于青少年一代的成长将是有益的。

原子的“指纹”

在人类探索物质微观结构的进程中，人们认识最早的粒子便是原子。从15世纪下半叶起，随着自然科学的不断发展，人们通过对大量的物理现象和化学现象的深入研究，已经认识到了原子的实在性。特别是通过物质化学运动方面的研究，人们不仅认识了原子许多基本的特性，而且，也认识到原子本身是多种多样的。但是，那个时候人们一向认为，原子是构成世间万物的、不能够再分的“原始物质”。正是这些原子构成了天体、我们的地球以及自然界中的一切，也包括了声、光、电，甚至连社会现象和思维现象都可以归结为原子的机械运动。总之，人们认为原子是构成世间一切一切的最小单元。这幅“原子世界图景”，虽然可以使人们了解原子世界的绚丽多彩，但是它却制约着人们对物质世界更深层次的认识与探索。

按照原子论的学说，各种原子没有质的区别，只有大小、形状和位置的差异，这些原子始终处于永不停息的运动之中，它们以各种不同的方式相互结合，从而可以构成五颜六色的大自然。

截至目前，人们已经认识到，自然界中的各种物质是由

100多种最基本的物质单元构成的，人们通常称这些单元为“元素”，比如，氧元素、氢元素、铁元素……好像音乐简谱中的七个音符，由这几个小小的音符，便可以组成人间众多的、美妙动人的旋律；同样，由这些元素也可以构成种类繁多的物质世界。

每一种元素都有一种原子与之对应，同一种元素的原子具有相同的性质，它们的大小、形状和质量完全一样；而不同元素的原子，它们的性质则各异。目前，连同各种元素的同位素在内，原子的总数已多达几百种，其中大部分是自然界存在的。在元素周期表中，92号元素以后的各个元素，都是通过人工方法制造出来的。

电子发现以后，揭开了原子的秘密。原子世界仅仅是物质微观结构中的一个层次。随着现代科学技术的飞速进步，尤其是原子核物理学科的建立与发展，原子世界内部的奥秘越来越多地被揭示出来。短短的几十年间，人们在探索原子世界方面已经取得了巨大的成果，一幅幅美妙的图画已展现在世人的面前。

原子内部是一个非常复杂的系统，它是由更微小的粒子构成的。1911年，英国物理学家卢瑟福在前人工作的基础上，结合实验研究的成果，大胆地提出了原子有核模型的新思想，把原子划分为原子核与核外电子两部分。原子核仅占据原子中心很小一部分，但是，它却集中了原子99.9%的质量。原子核密度之大，真是令人惊讶，每立方米高达10^{17}千克。如果把原子核一个一个地排列起来，装满一个小小的火柴盒，那么，这个火柴盒的质量相当于整个喜马拉雅山的总质量。这样高密度的物体，在地球上，人们还从未发现过。只有在浩瀚无垠的宇宙间，才能够找到它们的踪影，像中子星、黑洞等这些天体，它们的质量密度可以达到这样的数量级。

自然界中为数众多的原子，它们的结构类似，长得模样都差不多，那么，人们怎样才能准确地区分它们呢？要想做到这一点，需要设法找到每一种原子最具代表性的特征是什么。只要知道了这些不同原子的特征标记，就等于掌握了分辨它们的方法。原子的这种“特征标志”就好比人的指纹一样，尽管每个人的手外形长得都差不多，然而，它们的指纹却截然不同。每个人都有自己独特的指纹，因此，指纹便是区分每一个人非常重要的标记。读者会有这样的常识，公安人员在办案的时候，常常会在蛛丝马迹当中，依据作案人员留下的小小指纹，可以获得意想不到的结果，对侦破案情往往会起到关键的作用。

发现原子“指纹”的英国科学家巴克拉

对于原子来说，究竟什么是区分它们的标记呢？也就是说，原子的“指纹”是什么呢？英国的一位物理学家、诺贝尔物理学奖获得者格洛维·巴克拉圆满地解决了这个神秘的问题。

科学家们在实验中发现，任何一个带电粒子，当它做加速运动的时候，会不断地以发射光子的形式，向外辐射能量。若将X射线管与电源相联接，阴极发射出来的电子，在电场力的作用下，会获得很高的能量。这些电子在与阳极板相撞时，由于遇到了障碍物，电子运动急剧改变，会产生很大的加速度。这样，电子就会不断地向外释放能量，这正是前面讲到的X射线产生的情况。

科学家们进一步研究发现，当X射线管接入的电压比较低的时候，产生的X射线光谱是连续变化的，而且，不论阳极板是用什么金属材料制成的，产生的光谱是一样的，均为连续光谱。但是，如果接入的电压足够高的话，情况就完全不同了，这时，形成的X射线光谱不再连续变化，而是形成独立的光谱，即光谱线是一条一条分开的，人们将这种光谱称为“线状光谱”。采用不同材料制作的阳极板，实验中观察到的线状光谱完全不同。例如，用金属钼制作的阳极板与金属钨制作的阳极板，产生的线状光谱存在着明显的差异。这一实验结果，给予人们很大的启示，为探寻区分原子的方法指出了方向。

因为任何一种阳极板，制作它的材料都是由原子组成的，使用的材料不同，其原子自然不一样。比如，钼原子与钨原子是性质不同的两种原子。由此表明，不同的原子形成的线状光谱是不一样的。通过大量的、反复的实验，人们惊奇地发现：每一种原子都有自己特定的线状光谱；不同的原子，它们的线状光谱彼此都是不一样的。因此，人们通常把这类光谱称为原子的“特征光谱”，或者叫作原子的“标识光谱”。

原子特征光谱的发现，为人们区分和鉴别原子提供了有效的方法和手段。这正如人的指纹一样，特征光谱就是原子的“指纹”，是原子“身份”的标志，这也就是原子“标识光谱”名称的由来。

如今，通过实验，人们已经将每一种原子的标识光谱制作出来了。这样，在鉴别原子的时候，只需制出这种原子的特征光谱，再与已知的各种原子的标识光谱相对照，对号入座，即可确定原子的“身份”了。

巴克拉这一杰出的研究成果，具有非常重要的意义。在以后的学习中，我们会逐渐地认识到，它不仅为以后几年中发展X射线波谱奠定了有力的基础，而且，还导致了一些新现象的发现，从而拓宽了X射线应用的领域。

X射线标识光谱的研究，则是巴克拉一生中主要的追求方向，他也为此付出了许多艰辛的劳动，取得了令世人瞩目的成就。在这方面，他成为负有国际声望的先驱者，荣获了1917年度的诺贝尔物理学奖。

至此，有人会进一步提出这样的问题，原子的特征光谱究竟是怎样产生的呢？广大读者一定很关心这个话题。为了让大家搞清楚这个问题的来龙去脉，还得从原子的内部结构谈起。

原子中的电子，分布在以原子核为中心的一个一个的壳层上；每个壳层中，允许容纳的电子数是一定的。原子的这种结构，被人们称为原子的“壳层结构”。当电子填满某个壳层或支壳层以后，这些填满了电子的壳层或支壳层，与原子核一起形成了一个稳定的集体，叫作“原子实”。对于原子实来说，丢掉一个电子，或从原子实外得到一个电子，都是不容易的。

如果原子实受到外来的高能量光子流的照射，或者受到高能量粒子的撞击，原子实中的某个电子被电离了，那么，这个电子脱离了原子实以后，它原来占据的位置就空了出来；由于出现了空位，原子实以外的电子就有机会跳到这个空位中。电子这么一跳，随着电子位置的改变，电子的状态发生了变化，电子前后相应的两个状态的能量自然不一样，改变的能量便以光子的形式向外释放，从而产生了一条光谱线。

如果一个原子实中，同时有多个电子的位置发生了改变；或者不同的原子实中，都有电子的位置发生改变，这种情况下，便会产生许多条光谱线，从而形成了线状光谱。

不同的原子，具有各自的壳层结构。因而，它们的原子实的构成也存在着一定的差异；当不同的原子实内部发生电子跃迁的时候，就产生了各自不同的X射线光谱。这样，每一种原子都会有自己独特的光谱——标识光谱。

可见，这种光谱是原子内层电子跃迁产生的，与价电子无关。原子“指纹”的存在，对于物质结构的研究、分辨各种不同的原子、鉴别新原子等方面，都有着重要的作用。运用这种方法，不仅简便、省时、易行，而且其灵敏度和准确度都非常高。这种方法在采矿、冶金、化工等许多部门有着广泛的应用。

神秘的DNA

2000年6月26日，在人类发展的史册上是永远值得纪念的日子。由美、英、德、日、法和中国等国千余名科学工作者，经过近10年艰苦卓绝的工作，绘制出的第一幅人类基因组工作草图，在这一天公布于世了。这一庞大的科研项目，合作国家之多，参与人数之广，在科学研究领域是前所未有的。这一复杂系统工程研究的成果，标志着人类基因组遗传密码已基本破译。人类对于自身的了解和认识，从此揭开了崭新的篇章。

人们对于遗传现象的认识，可以说由来已久。“种瓜得瓜，种豆得豆”真可谓一语中的，这是人们对于遗传现象一种非常朴素的表达。随着科学技术的发展，社会的进步，人类对于遗传现象的研究也在不断地深入。但是，遗传学真正作为一门独立发展起来的学科，却始于20世纪初期。尤其是作为遗传物质基因的发现，为遗传现象的深入研究增添了新的内涵，也给遗传学的发展带来了勃勃生机。

美国著名的生物学家沃森博士和英国杰出的物理学家克里克，经过多年的研究，于1953年4月提出了闻名于世的DNA双螺旋结构模型。他们指出，基因组的成分就是DNA分子。这样，基因的化学本质就一目了然了。遗传学的研究也从此步入了一个全新的阶段——分子遗传学发展的新时代。

沃森和克里克的发现，堪称现代生物学最重大的成就之一，完全可以与达尔文的进化论、孟德尔的遗传定律相媲美。他们的这一重大发现，深刻地改变了传统遗传学的面貌，将遗传学的研究从细胞的水平，一下提升到了分子的水平，遗传学的研究开始旧貌换新颜，这为分子遗传学的建立和发展，奠定了有利的基础。

DNA是什么呢？这是人们非常关心的一件事情，也是近年来人们谈论最多的一个话题。DNA是“脱氧核糖核酸”英文名字的缩写形式。它是绝大多数生物体的遗传物质。当然，也有少数的生物，它们的遗传物质不是DNA，而是另外一种物质，称为核糖核酸，英文名字的缩写是“RNA”。

遗传物质的单元是基因，作为基因载体的染色体，它的主要成分就是DNA和组蛋白。我们通常所说的遗传信息就蕴藏在DNA分子中。DNA这种遗传物质，在亲代和子代之间具有连续性，它携带着亲代的全部基因，控制着子代的生长发育。这就是“种瓜得瓜，种豆得豆”的秘密所在。由此人们不难看出，DNA这种物质，在遗传中扮演着多么重要的角色。因此，关于DNA结构、性质及其功能的研究，是分子遗传学中一项基础工程。

早在19世纪60年代，瑞士一位化学家米歇尔，就在细胞核中观察到一种前人还不曾知道的物质，这种物质里面含有丰富的磷，当时取名为核酸。到了20世纪初期，人们经过反复研究发现，核酸普遍存在于动植物的细胞中。按照核酸的结构，它被划分为两大类：一类是核糖核酸（RNA）；另一类是脱氧核糖核酸（DNA）。这两类核酸的化学成分几乎是一样的，它们之间仅存在着一些微小的差别。然而，正是由于在化学结构方面它们表现出来的这微小差异，使得它们在生物功能方面，却表现出很大的不同：

首先，DNA几乎全部存在于染色体上，而染色体只存在于细胞核内；RNA则不一样，它存在于细胞核的外部，位于原生质中。

其次，DNA分子基本结构的单元是脱氧核苷酸，它含有碱基、磷酸和脱氧核酸。其中的碱基有四种，分别是腺嘌呤（A）、鸟嘌呤（G）、胞嘧啶（C）和胸腺嘧啶（T）。

DNA分子的功能主要表现在两个方面：一个是自我催化功能——通过亲代DNA分子严格的碱基顺序的复制，把产生的遗传信息传给下一代；另一个功能是异体催化作用——DNA分子通过控制或主导有机体一系列的生化反应，将遗传信息表达出来。

这些遗传功能，DNA分子是怎样完成的呢？为了揭开其中的奥秘，人们需要对DNA分子的内部结构进行深入的研究。不仅要知道DNA分子的化学组成，而且还需要详细探索DNA分子在三维空间的结构特征。只有这样，才能够很好地认识遗传信息传递过程的物理基础。

对DNA分子结构的研究，X射线发挥了非常重要的作用。前面我们曾经谈到过，布拉格父子在X射线研究方面取得了很大的成就。后来，在X射线晶体衍射的基础上，他们又创立了X射线晶体学。运用这套比较完整的结构分析理论和方法，人们成功地测定了一些相当复杂的分子的结构。这些基础性的工作，为揭开DNA生物大分子内部结构的秘密，提供了有利的条件。

科学研究如同接力赛跑，在前人工作的基础上，人们又开始对X射线在DNA分子中的衍射图像进行了分析。经过了十几年的努力，人们终于搞清楚了DNA分子在三维空间的结构图像。

20世纪最伟大的发现

1953年，沃森和克里克依据X射线在DNA分子中获得的衍射图像，以及查可夫于1951年提出的“碱基互补配对规则”，建立了DNA分子双螺旋结构模型。双螺旋的两条扁带表示糖和磷酸骨架；连接两个骨架的平行短线，代表碱基对，通过这些碱基对，把两条长链联系在一起。

一条链上的碱基与另一条链上的碱基，通过氢键连接在一起，这两个链条围绕着一个共同的纤维轴，按照右手螺旋的方向旋转。这样缠绕的结果，使两个链条相互盘绕成一个双螺旋状的稳定结构，样子好像一个螺旋状的旋梯。

科学家们利用DNA分子这种双螺旋结构模型，就能够很好地解释遗传现象中的自我复制的问题了。如果知道了一条链中的碱基排列顺序，人们就可以按照严格的碱基配对法则，准确地找出另一条链的碱基排列次序，因为它们是互补的。

假如连接两条链的氢键一旦断开，那么，分开以后的两条链又会依照互补性规则，各自建立起一条新的互补链。这样原来的一对链条，通过自我复制后，就变成了两对链条。

另外，科学家们进一步研究还发现，DNA分子双螺旋结构中，这种严格的碱基排列次序，实际上是携带遗传信息的密码。在一个比较长的分子中，通过交换不同的碱基，可以组成多种不同的排列顺序，而碱基不同的排列顺序，则表现出不同的遗传信息。由此可见，碱基的排列顺序与遗传现象有着密切的关系。

正是这些遗传信息，决定着氨基酸的排列次序，进而决定着蛋白质的化学结构和生物学功能。科学家们还发现：三个碱基可以决定一种氨基酸；三个碱基组成一个三联体，每个三联体称为遗传的密码子；不同的三联体，表示不同的密码子。

如今，科学家们通过大量的实验已经证明，尽管地球上存在着差异巨大的各种各样的生命，但是所有生物体的DNA分子，它们的四种碱基和20种氨基酸却都是相同的。由此人们可以推断：整个生物圈存在着同样的遗传密码。倘若事实果真如此，那么，人类关于遗传密码的研究和破译工程，将被视为自达尔文时代以来，在生物学领域中最令人瞩目的重大事件。在人类发展的史册上，人体密码的破译工程是最重要的科研工程之一，堪称20世纪最伟大的发现，这其中的功劳很大程度上得益于X射线对DNA分子“锐利的洞察力”。

三、放射线背后的故事

天然放射性是19世纪末物理学领域的重大发现之一，它不仅标志着人类认识物质世界达到了一个新的阶段，而且放射性的研究对其他一些领域也产生了深远的影响。X射线、放射性和电子的发现，为现代物理学的建立与发展奠定了重要的实验基础。

● 博物馆的“世袭”教授

X射线的发现打开了一个全新的研究领域，这自然引起了社会的轰动，也引起了众多科学家的兴趣与关注，人们纷纷开展了对这种射线本性的深入研究。1896年元旦刚过，法国著名科学家亨利·彭加勒收到伦琴寄给他的论文，其中介绍了X射线的发现及照片。彭加勒非常关心当时物理学研究的前沿，也对阴极射线的讨论非常关注，他是支持阴极射线是粒子的观点的。看过伦琴的文章后，彭加勒觉得伦琴的发现是有利于粒子的观点的。

在1896年1月20日的法国科学院例会上，彭加勒介绍了伦琴的新发现，并出示了伦琴寄来的照片。在院士们传看时，这些照片引起了安东尼–亨利·贝克勒尔的格外注意。他问彭加勒，X射线是从阴极射线管的哪个位置发出的呢？彭加勒答道："似乎是从管子中阴极对面有荧光的地方发出的。"这对贝克勒尔有很大的启发，他想，X射线很可能与真空管壁上的荧光有关系，看上去X射线就好像从那里发射出来的。贝克勒尔很想知道X射线与荧光之间是否有关系。为了认清事情的真相，他开始潜心研究，积极探索。正是这一研究方向的确定，贝克勒尔经过艰苦卓绝的深入探究，终于取得了令世人瞩目的业绩，他也因此成为放射性研究领域的一位先驱者。

贝克勒尔为什么对荧光如此有兴趣呢？这要从他的祖父安东尼·塞萨尔·贝克勒尔和父亲亚历山大·埃德蒙·贝克勒尔说起。安东尼·塞萨尔·贝克勒尔曾是著名的巴黎综合工科学校的首批毕业生，毕业后曾在拿破仑的指挥下参加了1810～1812年对西班牙的战争。在滑铁卢战役失败后，拿破仑下台，安东尼·塞萨尔·贝克勒尔也从军队退役了。由于在军队作战时受过伤，有人预言他活不了多久，这样他就转向了物理学的研究。不久他当上了自然史博物馆的物理学教授，但令人惊异的是他非但不短命，而且是很长寿，一直活到90岁的高龄。安东尼·塞萨尔·贝克勒尔在电学和电化学的研究中取得了很大的成绩，对电化学的创立做出了重要贡献，他尤其感兴趣的是磷光和荧光现象的研究。后来，他还当上了自然史博物馆馆长。

亚历山大·埃德蒙·贝克勒尔也毕业于综合工科学校，毕业后就到自然史博物馆做父亲的助手，后来还继承了父亲的教授席位。他主要研究光的化学作用、太阳光谱和荧光现象。他最先拍摄了太阳光谱，并设计出荧光计，借此可以测量铀荧光的强度和寿命。他还设计出测量温度的仪器，这是利用高温物体发光来测量的。

亨利·贝克勒尔也继承了自然史博物馆的教授席位，后又由其儿子让·贝克勒尔继承下来。后来，让·贝克勒尔在一篇文章中写到，贝克勒尔一家四代生活在居维叶房前植物园的“同一幢房子、同一座花园、同一个实验室里”，并“世袭”了博物馆的教授席位。让·贝克勒尔提到的居维叶是法国一位著名的生物学家，当过博物馆的生物学教授。

在伦琴发现X射线时，亨利·贝克勒尔已当上了博物馆的教授，并且到此时，贝克勒尔家族已对磷光和荧光进行了长达60年的研究。在实验室中收集了大量的荧光物质。为了验证自己的猜想，贝克勒尔着手做了一些实验，但并未发现荧光与X射线有什么关联。在此时，彭加勒撰写了有关X射线的论文。彭加勒指出：“是否所有荧光足够强的物质，不管其荧光是如何产生的，都既发射明亮的可见光线，又同时发射出X射线来呢？”

果真如此的话，这类现象就与是否通电无关了。

● 坏天气带来的好运气

彭加勒的假设促使贝克勒尔要做进一步的实验，他选用了父亲曾研究过的铀盐。1896年2月初的一天，贝克勒尔将一块铀盐放在阳光下暴晒了几个小时，直到看见铀盐能够发出很强的荧光。这时他把这块铀盐与用黑纸包紧的照相底片放在一起。经过一段时间，使他感到意外的是，照相底片已经感光。这一发现，充分表明在荧光中确实含有X射线。正是这种射线才使得底片感光。贝克勒尔将实验结果报告给了科学院。这个实验结果使贝克勒尔相信，铀化合物在发出荧光的同时也发射了X射线。但只一个星期，贝克勒尔就改变了看法。

发现神秘射线的贝克勒尔

开始，贝克勒尔考虑，铀盐产生的荧光，作用能够持续多长时间呢？对此，贝克勒尔做了进一步的实验：经阳光照射的铀盐，发出荧光的时间是比较短的。当荧光大为减弱以后，他把铀盐与包裹严密的底片又放在一起，结果他惊奇地发现，照相底片仍然被感光了。这说明，这一现象与X射线是无关的。如果荧光中含有X射线，当荧光消失时，X射线也就自然不存在了，没有X射线，感光现象不会发生。然而，事情并非如此。由此可见，彭加勒的看法是不妥当的。那么，究竟是什么原因引起底片感光的呢？只能有一种解释：铀盐本身能够发射出一种不能被人看见的射线，正是这种射线导致了底片感光。

为了进一步验证这种想法的正确性，贝克勒尔想再做一次实验。可是，天公不作美。从2月26日开始，连续几天乌云密布，有时阴雨连绵。没有阳光，实验无法进行，心情不悦，非常扫兴。于是，他顺手就把包着的底片放进书桌的抽屉里，铀盐块也随手放进了抽屉内的底片上。到3月1日那天，由于第二天是科学院的例会，这实验无论如何也要做出来。可天上下着大雨，仍是无可奈何。这时，贝克勒尔突发奇想：没有阳光，铀盐是否也会对底片产生影响呢？他打开抽屉，取出底片，到暗室冲洗。他发现底片果真感光了，这是一个重要的发现，并使他大为惊讶。这次底片的感光与荧光和太阳光毫不相干，这只能是铀盐发射的射线所产生的作用。如同X射线一样，这些射线也能够穿透黑纸而影响到底片。

接着，贝克勒尔又把一个约0.1毫米厚的“十”字形铜片插在铀盐与黑纸包裹着的底片之间，在底片上观察到了不那么明显的“十”字形铜片的影像，显然，射线已经穿透了铜片。实验不论是白天，还是黑夜，都会产生同样的感光效果。这一系列实验充分表明：铀盐能够不断地、自发地向外放射出某些射线。铀盐的这种性质不受周围环境的影响，不论是阳光明媚还是阴雨连绵，不管是白天还是黑夜，铀盐都是旁若无人、时时刻刻都在向外辐射出射线。

同年5月，贝克勒尔发现一个纯铀的盘子也会产生穿透力很强的射线，表明铀盐放射的射线性质与铀所处的状态没有关系，只要有铀元素存在的地方，不论是纯的，还是化合物，都会有射线产生。由于贝克勒尔最先发现了铀盐发出射线的现象，并研究了发出射线的性质，人们便把这种射线叫作“贝克勒尔射线”，以区别于X射线。

凭借这些简单而又平常的实验，贝克勒尔发现了天然放射性现象。这似乎是偶然的巧合，常常被世人看作是科学史上最为典型的偶然发现事例了。然而，贝克勒尔自己却不这样看待。他常喜欢回敬这样的一句话：“在我的实验室里发现放射性是完全合乎逻辑的。”的确如此，他出生在研究荧光的世家，这一成长环境对他无疑是会产生很大的、潜移默化的影响，实际在这偶然的发现中是孕育着必然的东西的。

贝克勒尔的发现，是人类第一次在实验室中观察到的原子核现象。虽然这一重大发现没有引起像伦琴发现X射线那样的轰动效应，但这一事件的影响也许将是深远的，它标志着人类认识物质世界已经达到了一个新的起点。

● 失败的英雄

在科学研究中，有许多人参与热点问题的研究，并把研究结果发表，在研究人员之中相互交流。像伦琴发现X射线之后，执意叫它“X”，一方面说明他很谦虚，但如果仅就认识的程度来说，这也说明他对这种射线知之甚少，并不是说这种射线如何神秘。这时有数十位不同国籍的科学家积极参与X射线的研究，以图将X射线的各种性质和各种功用发掘出来。这期间科学期刊上发表了数以千计的论文。这些文章有的谈到了X射线的性质，有的谈到了产生X射线的种种方法，有的人还发现了许多新的射线，甚至命名为“Z射线”“黑射线”“N射线”等。“射线狂”弥漫在欧美的科学实验中。

在研究X射线时，亨利·贝克勒尔发现了铀的放射性，这是研究X射线中取得的重要发现。其实，在贝克勒尔研究的同时，一些法国研究人员也参与其中。当彭加勒发表了对X射线的看法时，一些科学家也尝试着用磷光或荧光物质做实验。一位名叫沙尔·昂利的研究人员马上动手加以检验。

磷光现象并不新鲜，古时候就有人发现用光线照射磷光物质，磷光物质就发出光来。这种光与火光、烛光之类既发光又放热的现象不一样，只发光不放热，所以又叫冷光。此外，腐烂的树木、尸骨、鸡鸭蛋也可发出冷光。磷在空气中慢慢氧化时也会发出绿色的冷光。由此可见，发出磷光的起因并不是单一的，但彭加勒却认为，不管起因如何，只要能发出磷光，就一定可以发出X射线。

昂利用一种硫化锌物质做实验，以检验彭加勒的观点。这种硫化锌一经日晒就可以发出很强的磷光。实验很简单，他用黑纸包好底片，而后拿一些小块硫化锌放在阳光下晒，晒过后，他把小块硫化锌摆放在黑纸包上，再将底片拿到暗室中显影，结果在底片上出现了几个深色斑点。这些斑点正好是摆放小块硫化锌的地方。可见彭加勒的看法是对的，即凡是能发出磷光的物质，的确都能发出不可见的、自由穿越黑纸的X射线。

1896年2月10日，昂利在科学院的例会上报告了他的实验结果。在一星期后的又一次例会上，一位名叫涅文格罗夫斯基的法国研究人员也报告了实验结果，他没有用硫化锌，而是用的硫化钙，但也得到了与昂利同样的结果。此后，每次例会都有人报告，以确认从磷光物质中发射出了X射线。

从上面的例子可以看到，这种实验很简单，只是将底片包在黑纸内，在黑纸上摆放几块硫化物，经日光一晒就去显影。所以，许多科学家都争先恐后地去做实验。这些实验表明，X射线并不神秘，连表盘上的荧光物质都发射X射线。

当然，这些太粗糙的实验得到的结果是大错而特错的。他们过于匆忙地下结论，却成就了另一位法国人，这就是上面提到的贝克勒尔。

当贝克勒尔的实验报告出来后，人们终于明白，彭加勒是真的错了。铀盐辐射的射线与铀盐是否一定要经过日晒无关。可是昂利和涅文格罗夫斯基的“发现”应做何解释呢？他们使用磷光物质做实验，那些物质没有发出射线吗？可为什么底片曝光了呢？真是谜团重重啊！

贝克勒尔也要打破这个沙锅纹（问）到底了。他也用硫化锌和硫化钙重复了一下昂利他们的实验。像他们一样，用黑纸包好底片，纸上摆好小块硫化锌或硫化钙，经日晒后在暗室中去显影。结果发现，底片上是斑点皆无，连个小黑点都没有。重做一遍，还是一样的结果。再做时，不用日光晒，改用人造强光照射，比如夺目的镁光或电弧光，可是显影后还是没有斑点。

贝克勒尔又将硫化物加热或降温，显影的底片也没有什么变化。这样，贝克勒尔就去找一位曾报告过类似现象的一位院士，院士得到过那些有趣的“斑点”。他们一起做实验，但那斑点仍是踪迹全无。反过来，再用铀盐做实验，铀盐在黑屋子中放上一个月，再把它与包着黑纸的底片放在一起，照样可使底片曝光。那奇妙的射线未曾看出有丝毫的减弱。

看样子，贝克勒尔的解释是对的，奇妙的射线与磷光或荧光物质无关。化学家们对铀的了解更多，他们把铀的氧化物，以及铀盐或铀酸一一查过，射线依旧，甚至纯铀也能发出射线。这样，人们的怀疑逐渐就消失了，铀或铀的化合物都能发射与X射线不同的射线，但与磷光或荧光物质无关。

我们再说说那几位实验家的工作过程。为什么他们都犯了同样的错误呢？我们今天已经看不到他们的实验记录了，只能分析或猜测了。一是可能他们使用的底片有瑕疵，二是可能显影液的质量有问题，三是黑纸可能不够厚，阳光一晒，光线就“渗透”其间，但这光线无论如何也与X射线是不沾边的。有人还猜测，暴晒时，硫化物分解了，分解的物质中有二氧化硫，二氧化硫易挥发，它透过黑纸把底片给弄坏了。

不管是哪种可能，实验肯定是做得不够细致，或实验者的设计有不周全之处，或许还有一些未曾料到的东西在起作用。这些因素使实验者走上了一条错误的道路。贝克勒尔并不盲从别人，他依据自已熟悉的铀盐性质，正确分析和理解了未经日晒产生的偶然效应，仔细地进行实验，正确地断定磷光或荧光物质与X射线无关，它们对黑纸内的底片无作用。

在比较之后，人们发现，在大家都得到彭加勒的“错误”启发时，一些人在这启发之下，沿着这错误的方向走了下去，所做的实验也为这错误提供了“证据”。独有贝克勒尔将“错误”只用于启发，在探索未知的东西时，不囿于原有的认识，认真实验，在看到偶然现象时，仔细分析，最终得到了正确的结论。

这里需要说明的是，铀射线与X射线虽然都是不可见的射线，都能使底片曝光，也都能使空气导电，但实际上它们有一些很不同的性质。例如，X射线可以轻而易举穿透障碍物，如人体、木板、薄墙等，而铀射线就差多了，只能穿透厚纸、薄铝片等。由于X射线的这种穿透本领，在相当长的一段时间内，人们一直对它抱有兴趣，它的穿透本领像魔术一样不可思议。X射线非常时髦，很多有钱的人掏腰包买一架X射线机，放在客厅展示。客人来了，有兴趣的话，可以照射一下，看看自己的优美体形，或看看那“美丽”的骨骼。还可以隔着皮革，看看自己包里的东西。甚至清朝的洋务大臣李鸿章在德国访问时，还做了照射X射线的检查，看了看自己体内存留的弹片。

科学家们知道大众对X射线照射的奇妙景象只是看热闹，而贝克勒尔的发现要奇异得多。X射线是带电粒子打在管壁上产生的效应，铀发出的射线则不然，它是铀自发产生的，当时还不能找到产生这些射线的原因。特别是无须加热、日晒，铀可以经年累月地、不停地放出射线、放出能量，但这辐射却对原来的物质（铀）似乎不产生任何影响。这真是个奇迹，可这究竟又是为什么呢？

● 物理学界的“皇后”

当贝克勒尔发现新的射线后，由于当时的研究热点在X射线上，许多人对铀射线并不在意，但是它却引起了一位波兰科学家的注意，这就是玛丽·斯考罗多夫斯卡。

1867年11月7日，玛丽出生于波兰华沙的一个教师家庭。她的父亲曾在俄国彼得堡大学学习，后又在华沙高等学校学习数学和物理学，学识渊博，热心教育事业。玛丽的母亲是一位钢琴家，并多年领导一所女子学校，因此，父母非常重视子女的教育问题。玛丽9岁时，母亲去世了，父亲也由于不满沙俄的统治而被学校解职。为了孩子的成长和学习，他开办了一所寄宿学校，可学校没有办好。后来父亲又买了一些股票，花光了家里的积蓄，结果炒股票也失败了，使家里生活陷入困境。

在玛丽的家中，孩子们都像父亲，性格顽强，有雄心壮志，爱祖国，十分关心祖国的命运，不满沙皇的统治。在学校读书时，玛丽非常厌恶殖民主义式的教育，尽管学校规定只能用俄语教学，但玛丽却始终坚持学习波兰语。玛丽天资聪颖，在学习中表现出了非凡的记忆力和理解能力，学习成绩一直很好。在中学毕业时，玛丽获得了金质奖章。

毕业后，她与姐姐都想去法国求学，可是家里连一个人的费用都付不起。这样，玛丽就留下来做家庭教师，以便挣钱帮助姐姐读书，等姐姐毕业后自己再去法国学习。

玛丽到远离华沙的一个乡村去做家庭教师。尽管主人很势利，表现出很强的等级观念，但她还是尽心尽职。在教学之余，她还教一些贫苦人家的孩子学认字。她也抓紧时间学习，花了大量的时间阅读数学和物理学方面的书籍，为留学做着积极的准备。

当姐姐完成学业之后，玛丽在姐姐的帮助下来到巴黎学习。当到巴黎大学索邦学院注册后，她很为自己有幸进入科学的王国而兴奋，把这看作是求学征途上的一个起点。

在4年的学习中，玛丽在学业上极为认真和刻苦，但生活得却极为清苦。她住在一间顶楼上，冬天时既无取暖的炉灶，又无自来水。室内的温度很低，连盆里的水都结冰了，冻僵的手指连翻书和写字都很困难。她的全部生活乐趣都在读书上，并且涉猎很广，除了化学、物理学、数学，还有音乐、诗歌和天文。在艰苦的条件下，她依然保持着乐观的生活态度。玛丽在后来的回忆中写道："这种诸多困难的生活对我来说曾充满了诱惑力。它给了我以自由和独立之感。我在巴黎举目无亲，自感是在大城市中被遗忘的人。我那自行其事和生活无援的境况，未曾使我苦恼过。如果说我有时也感觉孤单的话，那么我常常仍然是平静的和满怀内心喜悦的，因为我把我的全部精力都集中在学习上了。"

在获得物理学硕士和数学硕士的同时，玛丽还获得了一份奖学金。当然，这并未使玛丽停步，她觉得这只是科学征途中一个新的起点。

在学习之余，玛丽接到的第一个研究任务是，测量各种金属的磁性。这是实验性很强的研究工作，因此她需要一些设备和一间实验室。在寻找帮助时，她在一位教授家遇到了皮埃尔·居里。

皮埃尔·居里是法国人。据说，他少年时资质迟钝，是在家中受的启蒙教育，后考入索邦学院。26岁时大学毕业，以后又获取了硕士学位。29岁时留在索邦学院物理实验室做助教。1880年，皮埃尔与兄弟雅克·居里合作，观察到所谓的压电现象。这种现象是，当在某些晶体上加了一些压力，晶体的两个侧面会积累不同的电荷。用导线将两个侧面连接起来，就可以测量出电压和电流等量值。随着压力的变化，所积累的电荷量也是不一样的。兄弟俩把能产生压电效应的材料叫作压电材料。如果反过来，在这些晶体两侧接上电源，也会引起材料形状的变化。如果电流迅速变化，晶体就会产生一种机械振动，进而使晶体产生超声波。此外，这种晶体经常用作一些声电装置上的重要器件，如用于留声机或话筒中。

1895年，皮埃尔·居里准备博士论文，他要研究磁与热的关系。他发现了一个温度值，当加热磁体超过这个温度时，它的磁性就消失了。因此，人们把这个温度叫作“居里温度”或“居里点”。

玛丽在居里的实验室里做金属磁性实验时，对居里产生了好感，两人之间逐渐产生了爱慕之情。虽然居里并不富有，职位也不高，但他在科学上的造诣却不寻常，在科学界已有了一定的声誉。然而，居里年轻时却有一种偏见。他认为，妻子是科学工作的障碍。不过玛丽却是个例外。就在这一年，皮埃尔·居里与玛丽·斯考罗多夫斯卡结婚了。按照习惯，玛丽就要在名字后面加上丈夫的姓氏，所以就要叫“玛丽·斯考罗多夫斯卡·居里”，或称她为居里夫人。他们不慕虚荣，结婚时不请律师，也不请神甫；没有金戒指，也没有华丽的衣服，二人只买了两辆自行车，并骑车去旅行，到巴黎郊外去度蜜月了。

结婚之后，居里夫人一边做家务，一边又开始筹划做博士论文。这时她因磁化问题的研究而获得了一笔奖金，应该做什么内容的论文呢？正好在此之前几个月，贝克勒尔发现了铀射线，这种射线具有一些奇特的性质，人们对此了解甚少。新射线的研究很适合做她的研究题目，如果能够继续深入研究下去，定能搞清楚这种神秘射线的本质，搞清楚辐射

正在工作的居里夫人

能量的来源。

在几年的研究中，居里夫妇通力合作，先后发现了新元素钋和镭。他们因此与贝克勒尔一起分享了1903年度的诺贝尔物理学奖。由于夫妇二人过于劳累，实在不能去斯德哥尔摩参加典礼的活动。但为了学术交流，他们在1903年曾去英国伦敦访问，在那里受到了著名物理学家开尔文勋爵的欢迎。居里还在皇家学会做了学术讲演，居里夫人也是在学会历史上参加该学会学术会议的第一位妇女。在这一年，居里夫人还提交了博士论文《放射性物质的研究》，并因此获得了博士学位。

不幸的是，在1906年居里因一次车祸丧生。这对居里夫人是一个巨大的打击，以致使她有些精神失常。经过一段时间的休养，她毅然承担起了抚养两个女儿的责任，同时她还接受索邦学院的教学任务，接替居里的工作，讲授“放射性科学”的课程，并成为巴黎大学的第一位女教授。

居里夫人的研究工作引起了科学界的关注，在1903年得到诺贝尔物理学奖之后，她又于1911年因发现新元素钋和镭而获得了诺贝尔化学奖。遗憾的是，由于她的丈夫已去世，他们无法一起分享这荣誉和幸福。这样居里夫人就成为第一位获得诺贝尔奖的女科学家，并成为第一位获得两次诺贝尔奖的科学家。

不管获得多少荣誉，科学家的社会责任并没有被居里夫人忘掉。在第一次世界大战期间，居里夫人觉得人道主义的责任是不应被忽略的，为此她亲自驾车到前线做救护工作。她对祖国也怀着深厚的眷恋之情，她用祖国的名字命名了发现的第一种新元素，同时还将一份论文的手稿寄回祖国，寄到华沙工农博物馆。这是居里夫人在法国科学院做的学术报告的内容，即《论沥青铀矿石中新的放射性物质》。这样，她的报告在巴黎讲演的同时，也发表在波兰的一家报纸上。1913年，居里夫人还到波兰参加镭学实验室的揭幕典礼。在典礼仪式上，她非常激动，并且生平第一次用波兰语做了学术报告。

居里夫人后来主要在巴黎镭学研究院工作，指导青年学子做研究。居里夫人一生淡泊名利，尤其在发现镭后，她拒绝为提炼方法申请专利。她无私地将这些新发现奉献给了全人类。然而，由于长期受到射线的照射，居里夫人因此患上了恶性贫血病，并于1934年7月4日逝世。医生写出的证明是："夺去居里夫人生命的真正罪人是镭。"是的，发现镭使居里夫人获得了极高的声誉，但她也因此为之献身，她所得到的荣誉是当之无愧的。由于她在科学上的诸多贡献，人们因此称她为"物理学的皇后"。不仅如此，正是居里夫人的成功，激励着许多女学生，立志献身科学，尤其是在波兰妇女中出现了一批优秀的科学家。

● 破棚子中“捉”镭记

居里夫人对贝克勒尔的发现很重视，当时人们对新的射线知之甚少。为了揭开这一秘密，居里夫人积极探索，进行着卓有成效的工作。在实验设备非常简陋的条件下，她着手进行铀射线性质的研究工作。

居里夫人借助于一个简易的游离室、一个测电器和一个压电石英静电计，运用电学测量手段，测定铀的辐射强度。经过几个星期的紧张工作，取得了初步成果。她在实验中发现，铀的辐射强度与所用铀的数量成正比，与铀所处的状态没有关系，不因铀与其他元素相结合而受到影响；另外，这种辐射也不受光照和温度变化的影响，与周围环境无关。

居里夫人正在提炼镭

除了铀盐以外，居里夫人在研究中还发现，钍的化合物也能够自发地向外放射出像铀盐辐射的射线。在当时人们已知的元素中，钍元素是仅次于铀的最重的元素之一。除铀和钍元素以外，在已经生产或在实验中使用的诸多元素当中，还尚未发现任何其他天然元素能够放射出这种射线来。

有一天，居里夫人在检查沥青铀矿的样品时，她测量到有些混合物的放射性强度比铀和钍强很多倍，这使她感到很奇怪。这种强有力的放射性来自何处呢？经过深入思考，她认为只有一种可能的解释：在这些矿物的样品中，一定还含有某种数量很少的、然而其放射性非常强的物质。由此，居里夫人预感到，在这些混合物里，存在着尚未被人们认识到的新的放射性元素。居里夫人的这一想法，对居里也是一个

居里夫妇发现镭的实验地

鼓舞，进而居里决定放下手边的工作，与夫人一起从事新元素的探索工作。他们试图从放射性最强的沥青铀矿中提取这种物质。

然而，要从沥青铀矿中把这种元素分离出来，可不是一件容易的事情。他们做过预测，在以往最严密的化学分析中，总是从化学家眼皮底下溜过去的这种元素，其含量最多也只是占沥青铀矿的百分之一。对于居里夫妇来说，他们做的预测实在是太乐观了。他们哪里会想到，他们需要寻找的这种新元素占沥青铀矿竟然还不到百万分之一，这项工作简直犹如大海捞针。

为了分离出这微量的元素，需要大量的沥青铀矿石。为了解决原料问题，他们想方设法争取支持。铀盐是制造玻璃的原料，而沥青铀矿是从奥地利的约希姆斯塔尔开采出来的，价格昂贵。不过提取了铀之后的矿渣是很便宜的。居里夫妇从矿山得到废渣的样品之后，经测定果然如他们所猜测，其放射性同原铀矿石一模一样。这样他们去询问奥地利的有关方面，能不能以较低的价格购进。矿山董事会的回答是令人鼓舞的，他们决定免费送给居里夫妇矿石的废渣，但要他们自己付运费。

下面的问题就是要找一个简易的实验室，可到哪里去找呢？他们想来想去，只有把一个破木棚做临时实验室。这个木棚很简陋，玻璃棚顶连雨都挡不住，地面铺着沥青，家具只有两张厨房用的旧桌子，还有一块黑板，一个生了锈的旧炉子。冬天，这间木棚简直就是一个大冰箱；可到了夏天，玻璃顶棚使这间木棚又变成了一个闷热的大暖房。这对年轻的夫妇就是在这样艰苦的条件下，开始了他们的伟大事业。

最初，他们对废矿渣的成分进行了仔细的分析。他们以其惊人的毅力，按照化学分析的程序，把组成沥青的各种元素分开，然后对各种元素的放射性进行精确的测定。在这些过程中，他们观察到了那种放射性很强的物质，它隐藏在矿石的某几个部分中，而且不止一种，是两种不同的元素。居里夫人把第一种确认的元素命名为钋（Po），用以纪念她的祖国——波兰。把后来确定的另一种放射性更强的新元素取名为镭（Ra），这是用拉丁文中“放射”（Radaation）一词命名的。

当时人们认为，原子是不可分的，是构成万物的最基本单位。钋和镭的发现，动摇了长期以来学者们所信守的基本理论和已经建立起来的概念。但是，许多物理学家和化学家对这一重要的发现却保持着非常谨慎的态度。居里夫妇为了让人们亲眼目睹钋和镭的真相，他们决心要把这两种新元素从废矿渣中分离出来。为此，他们又开始了新的征程。他们知道自己的路走对了，至于还有多少路程要走，他们还很难预料。

为了加快工作的进程，他们进行了分工。居里负责计算和精密的测量，力求尽可能多地了解有关镭的情况；居里夫人则担负着从矿渣中提炼新物质的繁重劳动。她围着一件又脏又旧、上面布满了酸痕的围裙，整天守着火炉上的那只大铁锅，不停地搅拌着。每天她都不断地进行分离、熬煮、蒸发和调制，工作非常辛苦而又单调。居里夫人后来曾这样描述道：“木棚里堆满了各种各样的沉渣和液体。搬动着很重的大铁桶，滤出液体，一连几个小时搅拌锅里沸腾着的原料，这些都是使人累得精疲力竭的工作。”由于居里夫人担负的任务过于繁重，有时候都忘记了吃饭，夜里也只勉强睡上几个小时。她太劳累了，因此变得消瘦了，腰弓背弯，还常常一阵阵的头昏眼花，健康状况越来越差。

在这间熏黑了的木棚里，面对着重重的困难，他们含辛茹苦，凭借着无穷无尽的耐心和钢铁般的意志，表现出不干则已，一干到底的决心。居里夫人曾写道：“我们没有钱，没有实验室，得不到任何帮助……在这间蹩脚破旧的小屋里，我度过了自己一生中最美好、最幸福的岁月，把一切完全献给了这项工作。”

经过整整4年的拼搏、奋斗，他们终于在1902年，从8吨重的沥青铀矿的残渣中，提炼出100毫克非常珍贵的氯化镭，并初步测量出镭的原子量为225。这一杰出的研究成果，渗透着他们多少艰苦的劳动和辛勤的汗水啊！但同时也给他们带来了无限的欣慰，他们终于成功了。居里夫妇在放射性这一新的领域，为人类做出了卓越的贡献，并奉献了最可贵的礼物。

镭是地球上一种最奇妙的物质，它不经燃烧就能自发地释放热。比起同样质量的优质煤燃烧时，镭所放出的热量要高出25万倍；镭的放射性强度相当于铀的200万倍。居里夫妇这一研究成果，使那些持怀疑态度的化学家和物理学家不得不心悦诚服，并向他们投送去了钦佩和敬仰的目光。

探索放射性物质

贝克勒尔发现新射线之后，引起了科学家们的极大兴趣。当时在剑桥大学卡文迪什实验室的卢瑟福也开始了对放射性物质的探索。

卢瑟福的家原来也在英国。在1842年时，他的祖父移居到新西兰。卢瑟福的父亲是一位农场主，并兼做轮箍匠，他共有12个子女，卢瑟福排行第二。小时候，卢瑟福帮助父亲料理过农事。在上学期间，卢瑟福表现出了非凡的才能，十几岁就获得了奖学金，并进入大学读书。大学毕业时，成绩排名第四。排名倒不能说明什么，不过这时的卢瑟福对物理格外有兴趣。当时无线电技术刚刚兴起，卢瑟福对此很有兴趣，他竟发明了一个无线电检波器。它能干什么用呢？卢瑟福并不关心。后来法院接到一个有关无线电的案子，法院要卢瑟福作为一名专家出庭做证，卢瑟福却拒绝了。对物理学来说，这实在是万幸啊！否则的话，卢瑟福就不可能走入“象牙之塔”，他倒有可能成为一名无线电技术领域

著名科学家卢瑟福

的专家了。

卢瑟福的人生转折点发生在1895年。这一年，他参加了一场考试，以争取去剑桥大学读书的奖学金。遗憾的是，他考了第二名。这样，卢瑟福就只得回家了，因为要让家里为他付学费，这几乎是不可能的。可是事有凑巧，考取第一名的人因为要结婚而放弃了这个名额，因此，第二名就递补上去了。这样，“遗憾”就变成了万幸。据说，在收到这令人高兴的录取通知书时，卢瑟福正在地里收土豆。这时，他甩掉了手中的土豆，说道：“这是我要挖的最后一个土豆了。”其实，卢瑟福那时也是准备结婚的，但为了求学上进，他只得推迟婚期，只身去了英国。

到了剑桥，卢瑟福成了汤姆逊的研究生。这个英国导师正值壮年，也正带着一个集体活跃在物理学研究的前沿。不久汤姆逊发现了电子。不过汤姆逊的操作技术很一般，然而，汤姆逊很快就发现这个新西兰人则不一样。卢瑟福是个大嗓门，看上去大大咧咧的，性格粗犷，但他脑子聪明，而且手很灵巧，他很自然地受到了汤姆逊的器重。同学们也很喜欢这个新西兰人，一位同学在家信中写道："我们这里从地球上和我们相对的地方来了一只'长毛兔子'，他正在挖掘非常深的洞。"同学说他是一只"长毛兔子"，是戏称，因为在英国人的眼里，新西兰那个地方只出兔子，没想到来了一个绝顶聪明的人。他的同学说的不错。像居里夫人一样，卢瑟福对贝克勒尔的发现很有兴趣，并紧随贝克勒尔在这一新的领域进行探索。

1898年，卢瑟福使用铝箔来检验铀射线的穿透本领。他发现，铀射线由两部分构成，一种射线可以穿透0.02毫米厚的铝箔，另一种射线的贯穿能力则要大出几十倍，能穿透0.5毫米厚的铝箔。卢瑟福将它们分别命名为α射线和β射线。1900年，法国的保尔·维拉德从铀射线中发现了第三种射线，并称为γ射线。它的贯穿本领更强。

为了进一步研究铀射线的带电性质，人们又将放射性铀放入一个铅室，射线从狭窄的通道放射出来，并进入一个抽成真空的空筒。从侧面给射线加上一个磁场，可以清楚地看到射线分为三股：α射线向左偏转，但偏转的程度不大，说明α射线是由带正电的粒子构成，并且粒子较重；β射线向右偏转，但偏转的程度很厉害，说明β射线是由带负电的粒子构成，并且粒子较轻；还有一束射线并不偏转，说明它不带电，这就是γ射线。

贝克勒尔测定了β射线的电荷与质量的比值，发现它

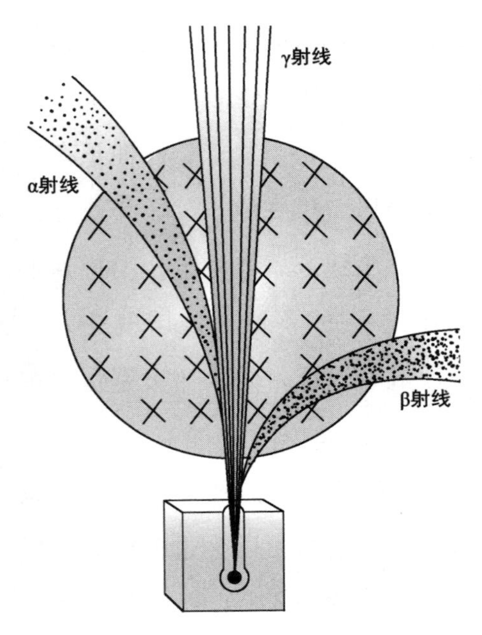

射线在磁场中的偏转

同阴极射线的电荷与质量的比值是一样的，这说明，β射线是高速运动的电子流。至于γ射线，当时还不能确定，有人说是粒子流，也有人说是电磁波。后来，人们才搞清楚这是一种波长更短的电磁波，它比X射线的波长还要短。

不过当时人们对α射线本质的认识仍是有限的。卢瑟福最初仿照汤姆逊那样，利用电场和磁场来测量α粒子的一些物理量。他测定了α粒子的电荷与质量比值，并与氢离子的电荷与质量比值相比，二者正好差了1倍，即前者为后者的一半。经过认真的分析，卢瑟福推测，α粒子的电荷为氢离子的2倍，而α粒子的质量为氢离子的4倍。也就是说，α粒子可能是氦离子。为了肯定这一推断，他和他的学生将镭放射出的α粒子都收集起来，进行了光谱分析，终于得到证据，确定α粒子就是氦离子。

到20世纪初，人们在经过几年的放射性研究之后，发现将放射性物质加温到几千摄氏度，或加压到几千万帕，或放到几千奥斯特的磁场中，甚至将它溶解、熔化重新结晶，都不能改变放射性物质的放射性。这实际上已经说明，放射性不是原子现象，而是来自原子内部的辐射。这样，传统的“原子不可变”的观点就受到了严重的挑战。

从1902年起，卢瑟福与英国科学家索迪一起研究物质的放射性问题。索迪于1898年毕业于英国牛津大学，后于1899年到加拿大麦克吉尔大学与先期到此的卢瑟福一起工作，并在卢瑟福指导下研究放射性问题。

他们俩的研究与英国著名科学家克鲁克斯的观点有关。克鲁克斯发现，铀发出射线后就变成了另一种物质。这是一条重要线索。卢瑟福与索迪将铀与钍分别进行化学处理，发现铀和钍在整个辐射过程中，依次转变成一系列的中间元素。每一种中间元素都各以一定的速率衰变，他们确定了一个特殊的“寿命”——半衰期。所谓半衰期就是这种中间元素衰变为只剩下了一半所经过的时间。各种物质的半衰期是不同的，长的可达几个月、几年，甚至更长，短的则只有几个小时、几分钟。另外，随着放射性物质辐射，放射性物质会不断减少，但新元素却不断产生出来。如果新元素也是放射性元素，它也要辐射，所以新元素也要变化，也要不断减少，并再产生下一代的新元素……这就是他们提出的元素嬗变理论。以镭元素的嬗变为例，镭的嬗变，其产物是放射性氡，氡又嬗变为钋-218，直到最后嬗变为稳定元素铅。每种放射性物质都以一定的速度或半衰期变化着。如镭的半衰期为2160年，氡的半衰期为3.6天，钋-218的半衰期只有

0.16秒。

元素嬗变理论是一个辉煌的革命性学说。传统的观点认为，原子是不变的，是不可分割的。嬗变理论则证明了原子也不是铁板一块，而是有着复杂的结构，原子也是可分的，它可由一种元素转变为另一种元素。

元素可以嬗变的观点真是太有趣了。当初，化学作为一个自然科学的分支建立起来，近代化学的先驱们就是在清除了炼金术之后完成的。化学家们认为，化学元素是不可改变的，怎么现在的化学家认为化学元素是可以嬗变的，难道又回到了炼金术的时代了吗？其实，人们大可不必大惊小怪。卢瑟福与索迪的发现是基于确凿的实验事实，嬗变理论是科学理论，而不是炼金家那样依靠一些咒语和想象，梦想着把普通金属变成贵金属，梦想着发财和长寿。因此，当卢瑟福要发表他们的论文时，有些好心人劝他们，要慎重，不要闹出笑话。可是尊重科学事实的卢瑟福和索迪毫不在意，勇敢地将研究成果发表出来。正是卢瑟福这种勇往直前的性格，学生们为他起了一个绰号——“鳄鱼”。正是这条“鳄鱼”，一旦发现真理之光就要坚定地向前，不论这条路是充满着荆棘，还是极其曲折。当然，就元素理论的研究，嬗变理论还只是开了一个头，科学家们仍有许多问题亟待解决。

关于元素嬗变的争论

当人们证明α粒子和β粒子都是带电粒子，并且都是从原子内部辐射出来的粒子后，那么，很自然地会提出，辐射出的粒子是否会引起原子内部的变化呢？1900年，居里夫妇在证实β粒子是带负电的粒子时，他们想，由于镭不断辐射粒子，其能量是怎样变化的呢？他们认为，镭由于不断释放出具有一定动能的负电粒子，必然要消耗镭的势能。

放射性物质，比如镭和铀，总是向外辐射能量，那它的能量来源于何处呢？克鲁克斯曾设想，每个放射性铀原子内存在着一种机制，它能从周围运动得较快的气体分子吸收过剩的热运动能量，并转化为自己的辐射能。但是，德国的一些科学家反对这样的说法，他们认为，放射性原子是不稳定的，是处于元素演化过程中的原子，它的能量不可能从外部得到，而是它自身内部具有的，它通过释放出能量而从不稳定的结构转变为稳定的结构。

卢瑟福和索迪提出的嬗变理论认为，既然这些微观粒子是从原子内部辐射出来的，其能量也应从原子内部辐射出来。像所有的革命性事件一样，卢瑟福的嬗变理论也受到了当时一些保守人士的反对。由于元素可以转化的观点对旧观点是一场无情的革命，它遭到了包括建立元素周期律的俄国化学家门捷列夫等保守人士的尖锐批评。在建立元素周期表之初，门捷列夫曾认为，元素是可以分解和转化的。但是，后来门捷列夫的认识发生了变化。当面对19世纪90年代不断出现的一些新的实验成果时，门捷列夫却提出了一种保守的看法，他认为，“承认原子可以分解为‘电子’只会使事情复杂化”。

与门捷列夫相似的是，开尔文勋爵也对新的实验现象提出了一些保守的看法。1903年，他表示不同意卢瑟福的观点，卢瑟福认为放射性物质所辐射的能量来自于原子内部。1906～1907年，开尔文在英国科学促进会的两次年会上，公开向元素嬗变理论提出挑战。他认为，从镭所产生的铅和氦的现象并不能说明原子发生了嬗变，因为“镭不是元素”，镭本身可能就是由4个氦原子和1个铅原子构成的化合物。同样，他也不同意辐射来自于原子的嬗变。对开尔文的这些观点，卢瑟福后来曾把他自己与开尔文的争论说成是一场“遭遇战”。

开尔文勋爵

开尔文勋爵是一位著

名的物理学家。19世纪中叶，在热力学的发展中，开尔文做出了重要的贡献。开尔文还将热力学理论运用于地球科学的研究中。1862年，开尔文从能量守恒定律出发，把地球半径不断收缩看作是地球热量的来源。借助适宜的热量值，他计算出了地球的年龄。假如地球是从一块炽热物质开始不断冷却，并凝缩到现在的状态，大约花了2亿年。到1899年，他又修正了这个值，应为2000万～4000万年。然而，这个结果与地质学家和古生物学家的研究结果相差很大。地质学家根据地质演化，生物学家根据古生物化石材料，他们认为地球和地球上的生物存在时间远远超过了开尔文的计算结果。对于地球年龄的测算问题，当时引起了很大的争论。

由于元素嬗变理论的建立，卢瑟福借此发现，地球内部放射性物质的嬗变释放出的巨大能量，对地球的热平衡产生了极大的作用。卢瑟福的看法为解决开尔文与地质学家的争论找到了一条新的出路。

卢瑟福由于在放射性物质研究上的突出成就而获得了1908年度的诺贝尔化学奖。获奖之后，卢瑟福的研究仍不断扩展，在原子物理学和原子核物理学研究上取得了极大的成果。为此他在1914年被授予爵士，1925年又被选为英国皇家学会会长。1931年他成了贵族，接受了纳尔逊（他的家乡）男爵的封号。这是很难得的荣誉。1937年10月19日，卢瑟福去世，他被安葬在威斯敏斯特大教堂，紧靠着牛顿的墓。

卢瑟福被公认为20世纪最杰出的科学家之一。由于卢瑟福是一个性格外向的人，是一个不很谦虚的人，有一次，他的同事对他讲，你有一种不可思议的能力，总是处在科学研究的“浪尖”上。对此，卢瑟福马上就说：“说得很对，为什么不这样？不管怎么说，是我制造了波浪，难道不是吗？”是的，几乎没有人不同意卢瑟福的这个自我评价。

● 专利员的杰作

对于放射性物质释放的能量，人们会提出许多问题，它究竟是从何而来的呢？这可不能简单地说来自于原子内部就可以了。

爱因斯坦在工作中

20世纪初，在居里夫妇和卢瑟福之后，正在升起一颗科学新星，尽管他还没有处在光芒四射的状态。这就是瑞士籍的德国物理学家爱因斯坦。

在20世纪来临之际，爱因斯坦刚刚大学毕业。遗憾的是，一毕业他就失业了。但是，爱因斯坦并不灰心，他一面做家庭教师，一面独自研究一些深奥的物理学问题。两年后，他应聘到瑞士伯尔尼专利局做技术员。他在那儿一干就是7年，他的收入并不高，业余时间大都用于与朋友们一起讨论科学和哲学问题，虽不能到大学或研究机构中从事物理科学的研究，但这种单枪匹马的研究也是卓有成效的。并且“突然”在1905年迸发出几道强烈的“闪电”。在这一年中，爱因斯坦在三个方向上发表了几篇论文。

首先是关于光电效应的。虽然在此之前人们就已观察到了这种现象，但却无法解释。只有爱因斯坦独辟蹊径，利用几年前刚刚提出的量子观点圆满解释了光电效应。爱因斯坦的研究在量子理论的发展中无疑是前进了一大步，他也因此获得了1921年度的诺贝尔物理学奖。

当然，光电效应还不是这一年最重要的成就。两个月后，爱因斯坦又相继发表了两篇文章，这是关于布朗运动的研究成果。布朗运动是英国科学家布朗于1827年发现的，它是物质粒子所做的一种无规则运动，在布朗去世后才公诸于世。45年后人们才提出解释，尽管在此之前已有人利用分子运动论的观点做出了解释，但数学上的解释是1905年由爱因斯坦给出的。不久之后，有人从实验上证实了爱因斯坦的理论，并测出了分子的大小。此后，人们便接受了分子和原子的观点。

还有两篇文章，其所研究的内容不仅是1905年物理学研究的最重要的成就，而且在整个物理学发展史上也是不可多得的重要成果。当时有一些问题长期困扰着物理学家们，它是在19世纪80年代发生的。由于地球是运动的，光向不同方向发出时应产生一种“以太漂移”效应。可当真做这个实验时却未发现所谓的“以太漂移”现象。这使科学家们大为困惑。爱因斯坦经过艰苦的探索，在1905年发表了他的看法。他大胆地提出了一个惊人的观点，即不论光源是否运动，光在真空中的速度是不变的。此外，“以太”是根本就不存在的，绝对运动也不存在，所有运动都是相对某个参照系而言的。借助光速不变原理和运动相对性原理，爱因斯坦解释了以太漂移现象，这就是所谓的狭义相对论。

狭义相对论还有一些奇妙的效应，如运动尺度缩短、运动时钟变慢。这些效应都与我们日常所见到的事情很不同。原因是这种效应都存在于充满高速运动物体的世界，而在我们生活的（低速的）世界是看不到那些现象的。

两年后，爱因斯坦又发表了更加系统的相对论理论，并且解释了镭的衰变问题，他认为镭在衰变过程中，是将部分物质转变为能量释放了出去。

这真是一个有趣的结论。在传统的观点中，法国化学家拉瓦锡建立了质量守恒定律，到19世纪中叶德国科学家亥姆霍兹和迈尔与英国科学家焦耳建立了能量守恒定律。在化学变化、热运动、电磁场变化和机械运动中，这两条定律都是彼此无关地、严格地成立的，从未发现这两条定律之间有什么联系，但爱因斯坦的质量与能量关系式却展示着二者之间的联系。

这是真的吗？这是真的。这种联系很快就在各种核反应中得到证明。其实，卢瑟福测得的α粒子运动速度达20 000千米/秒；而β粒子的运动速度更达100 000千米/秒，相当于光速的1/3；γ射线的速度则已经接近光速了。

令爱因斯坦遗憾的是，在第二次世界大战期间，也正是基于质量和能量的转换关系，为了反对德国纳粹的法西斯统治，美英研制成功了原子弹。当然，真正的遗憾还在于是爱因斯坦亲手促成了这件事。不过，我们目前正在利用的核能技术也是基于质量与能量相互转换的关系，而且它在微观领域的研究中也发挥着重要作用。

● 庞大的放射家族

我们再返回去看看放射性元素是怎样被发现和被认识的。其实在放射性物质研究之初，人们就注意到了许多放射性气体。

1899年，在加拿大麦克吉尔大学，一位名叫欧文的教授发现，放射性元素钍的放射性并不稳定。他做了一个比较研究，先将钍放在一密闭器皿中，它的放射性强度并不变，然后再将钍放在一敞开的器皿中，表面的空气会影响它的放射性强度。他想，很可能从钍中分解出了一些气体物质，因此他给这些设想的气体起了一个名字，叫“钍射气”。

大约就在同时，居里夫妇发现，空气与镭的化合物相接触后也产生了放射性。对此，德国科学家道恩分析道，镭不断地发散着具有放射性的气体，为此他将这种放射性气体叫作“镭射气”。

卢瑟福和索迪研究了镭射气，发现这些气体也在不断消失，可是消失的气体变成了什么呢？

1902年，索迪回到了英国，见到了拉姆塞。拉姆塞是一位有名的化学家，他先与著名的科学家瑞利一起发现了惰性元素氩，后来又独自发现了氦。氦曾经被天文学家们从太阳观测中发现，但拉姆塞则首先在地球上发现了它。由于拉姆塞实验技术精湛，他又测定了氩与氦的原子量，确定了它们在元素周期表中的位置。此后拉姆塞与他的助手合作发现了氪、氖和氙。由于他在惰性元素上的开创性研究，他于1903年被封为爵士，并于1904年获得诺贝尔化学奖。

由于拉姆塞对惰性元素非常熟悉，当索迪回到英国与拉姆塞一起做放射性研究时，拉姆塞帮助索迪证实，镭辐射出的α粒子，也就是氦离子。进一步的研究，拉姆塞又发现所谓“钍射气”和“镭射气”是同一种物质，并且是一种新元素，即氡。在为新元素命名时，人们叫它“Radon”，意思就是“镭射气”。这也是被发现的第四个天然放射性元素。当然最先发现氡元素的是道恩，而测量它的原子量的还是拉姆塞，但这是比较晚的事了。

这一时期，科学家们对“射气”还是非常有兴趣。例如，1900年，克鲁克斯发现在提取铀时，可以产生一些氢氧化铁，这些氢氧化铁具有放射性。克鲁克斯认为，其中可能含有不溶的固体物质，这种物质具有放射性。虽然未能提取出来，为了称呼上的方便，克鲁克斯叫它UX（实际是钍-234），意思是从铀中发现的未知物。有趣的是，溶解于碳酸铵溶液中的铀却无放射性。与克鲁克斯同时，贝克勒尔也观察到了这种现象。贝克勒尔发现，过了一年，残渣的放射性消失了，但原来溶解在碳酸铵中的已消失掉放射性的铀又恢复了放射性。这是怎么回事呢？是放射性物质在捉迷藏，还是在搞恶作剧呢？

1902年，卢瑟福与索迪在溶解钍矿石后，再加氨得到氢氧化钍。将氢氧化钍沉淀分解出来后，发现这些氢氧化钍的放射性更强了，并能辐射α射线。这也是一种新元素吗？为此，他们暂命名为ThX（实际上是镭-224）。卢瑟福与索迪还据此提出放射性衰变理论。尽管开始有许多人反对这种假设，并引起了与开尔文等人的争论，但放射性衰变理论很快就被人们接受了。

此后，卢瑟福又与麦克吉尔大学的布鲁克斯女士一起发现，凡贮存过氡的器皿都具有了放射性，哪怕是只存过几分钟也一样。可能氡有一些东西沉积在器皿之中了。研究进一步发现，这是一个较为复杂的过程，即氡可能产生了镭A（实际上是钋-218），镭A再衰变为镭B（实际上是铅–214），镭B进一步衰变为镭C（实际上是铋–214），镭C再变为镭D（实际上是铅–210），镭D变为镭E（实际上是铋–210），镭E变为镭F（实际上是钋–210）。此后，又有人测定了氡的半衰期，大约为3.85天。

这样，许多研究人员不断地实验，到1907年时，他们先后共发现了30种新元素。这么多的元素应把它们安置在元素周期表的什么位置呢？这可成了一个难题。接着，人们对这些新元素的化学性质进行了对比性研究。发现其中许多元素的性质相近，例如，1906年发现钍（钍–232）衰变时，经过一些中间产物变成了射钍（RaTh，即钍–238）。其实它们都是钍，只是半衰期不同，钍的半衰期为165亿年，而射钍则不到2年。可是，如果把二者混在一起后，利用化学方法却无法将它们分开。

类似的实验还有很多。对此，索迪进行了认真的总结，并提出了“同位素”的概念。他认为，同一个化学元素化学性质完全一样，但它们的原子量是不同的，放射性也可以是不同的。它们在化学元素周期表上可以“挤”在一个元素的位置上，这也就是为什么叫它们“同位素”的原因。

同位素的概念同原来的化学元素概念是相矛盾的。按照元素周期表理解，同种元素的原子应具有相同的原子量，而同位素则表示同种元素可具有不同的原子量。那为什么这些不同的原子可以“挤”在一种元素的名下呢？索迪也无法对此做出适宜的解释。这还有待于后人对原子结构的进一步研究。由于索迪在放射性元素和同位素理论上的研究成果，他于1921年获得了诺贝尔化学奖。

● 一颗新星的陨落

大约就在同时，卢瑟福开始研究原子的结构。在1904年，他证明α射线是一种氦粒子流。同时他还发现，这种粒子打在涂有硫化锌的荧光屏上时会发光，这样要数一数α粒子的个数就方便了。

1908年，卢瑟福已经离开加拿大，回到了英国，到了曼彻斯特大学。在这里他与两个助手进行了一个新奇的实验，这就是他与英国科学家马斯登和德国科学家盖革进行的“打靶”实验。他们用镭作“机关枪”，镭辐射出的α粒子就是“子弹”，用它“打靶”，这里的“靶子”是金箔做成的。但是，要看“子弹”打在什么地方，则用一个荧光屏来显示粒子的闪光。

根据原来的原子模型进行预测，当α粒子打到金箔上时，粒子都会穿过去，并几乎均匀地打到荧光屏上。可令人不解的是，从荧光屏上看到的现象不是这样，虽然大部分粒子分布得比较均匀，但也有少数粒子“打偏”了，有的还偏得很厉害。卢瑟福还要助手看看，是不是有粒子被反弹回来。助手们一查验，果然有反弹回来的。这真有些令人费解了。

这是怎么回事呢？经过反复实验和不断思索，卢瑟福认为原来的原子结构是不对的。可原来的模型是他的老师汤姆逊提出的。老师是应该受到尊敬的，但他的错误模型是不应保留的，当然，有错误的老师也应受到弟子们的尊敬。为此，卢瑟福提出了一个全新的模型。原子的中心有一个核，它集中了几乎原子的全部质量，也就是说，原子核的质量几乎与原子量相等，并且所携带的是正电荷。核外有一些电子绕核旋转，电子带负电荷。原子核所带的正电荷与核外电子所携带的负电荷是相等的，所以整个原子是显示电中性的。有趣的是，原子核虽具有极大的质量，但它的体积却很小。打个比方说，原子核就像在一个大会堂中地上被丢掉的一个乒乓球。可见原子内部是空空如也。更形象的说法，原子像一个微型的太阳系，太阳坐镇中心，外边有行星围绕着太阳旋转。因此，原子更像是一个太阳系的缩影。

怎样用卢瑟福模型解释同位素呢？原子核的正电荷数恰好就是原子序数。这原子序数就像一个“座位号”，本来一个“座位号”只能属于元素的一个原子，可是由于原子世界“管理得不善”，在为各种元素的原子分配“座位号”时，结果许多同一种元素的原子都拥挤在一个“座位”上。当然，究竟是不是这样的说法，卢瑟福的心里还没有底。

1913年，卢瑟福的学生、年轻的讲师莫塞莱，开始研究X射线。他用X射线打击各种原子，并把X射线的波长排列起来，发现不同元素的排列正好与在元素周期表中的排列一致。为此，他把这个排列序号叫作原子序数。他还发现，这个原子序数恰好是原子核的正电荷数。他的发现能够说明在一个“座位号”上可以有多种原子，并且说明了它们是有“血缘”关系的。这也就说明了索迪的同位素概念。

这样人们认识到，在十余年的研究中所发现的数十种“元素”，不过是一些元素的同位素而已。到目前为止，地球上发现的各种元素的同位素总共有489种，其中稳定的同位素为264种，放射性同位素为225种；此外，还有人工放射性同位素2000多种。

莫塞莱出生在英国。他的父亲是一位人类学家兼解剖学教授，不过莫塞莱4岁时父亲就去世了。小莫塞莱并不想继承父亲的事业，而是对物理学产生了兴趣，在牛津大学毕业后，就到了卢瑟福的身边，成了卢瑟福年纪最小的学生，似乎也最聪明。他利用X射线搞清楚了原子内部的信息，并搞清楚了元素周期表的排序。

过早夭折的科学天才莫塞莱

正当人们看到这颗新星冉冉升起时，第一次世界大战爆发了。莫塞莱也像大多数热血青年一样，立即应征入伍，到军队任工程兵上尉，也许当时人们对科学的重要性还缺乏认识，让这样一位优秀的人才上了前线。他到土耳其参加了一场无足轻重的战斗，并糊里糊涂地献出了生命，这时他才27岁。也许他的死是第一次世界大战中付出的最昂贵的代价之一了。的确，这场战争给全世界并未带来好处，而英国就更不用说了。

放射性物质的研究使人们对物质的多样性有了更多的认识，特别是对物质的微观世界有了更深入的认识。这对后来的核能技术、示踪技术的开发，以及对放射治疗方法的研究与应用都打下了重要的基础。

四、射线技术的威力

放射性的发现，同科学上其他重大发现一样引发了一系列新技术的兴起，极大地推动了科学技术的发展。其中，放射性核技术的研究与应用，是人类和平开发和利用原子能的一个重要领域。

● 是古画，还是假画

文物的鉴定是一项非常重要和非常复杂的工作。由于对文物年代的断定和文物真假的辨别上可能会有不同的意见，这经常在专家讨论中引起激烈的争论。其实一件文物，自产生之初，它就会逐渐变旧，这种变化是与时间密切相关的。因此，只要能测出文物制作距今的时间就可以定出它的年龄，进而确定它所在的年代。在这里，技术就是一个最为关键的因素。

战争年代，有些人趁着社会动荡劫掠钱财，偷盗和倒卖文物与字画。也有人制作假文物，以赚取不义之财。在第二次世界大战之后，西欧发生了一件轰动欧洲的案件，为了破获此案，涉及了许多人物，而且持续时间长达20多年。

事情是这样的，1945年，比利时人在清理一些纳粹帮凶人物的财产时，发现有一位银行家向一些纳粹分子出卖了一些古画。这些古画是17世纪荷兰著名画家杰·弗美尔的作品。当询问此画的来源时，得知银行家是从一位画家手里买下的。这位画家是当时一位不太著名的画家，名叫凡·米格伦。

这位米格伦马上就被拘捕了。他在狱中供称，这幅画不是古画，而是自己临摹的赝品。不仅临摹了这一幅，他还供认了几幅画作，也是临摹的。他自己供认得很轻松，可在社会上却引起了很大的反响。人们怀疑他说的是谎话，是故意在骗人。据说，其中一幅名为《在埃玛斯的门徒中》的油画，曾卖到17万美元的价钱。经米格伦一说，这竟然是假画，是一幅赝品，真令人难以置信。

不过为了证明自己说的是真话，自己是无罪的，即画不是偷来的，米格伦开始临摹弗美尔的一幅画——《教堂里的年青基督》。如果临摹成功，可以说明上述的几幅画的确是他临摹的，不是他偷来的，这就可以证明米格伦是清白的。

不过，法庭可不能总等着米格伦临摹古画，在审讯结束之后就要宣判，并判米格伦死刑。这消息传到米格伦的耳朵里时，他的情绪极为低落。一个要死的人还有心思作画吗？

特别是在临摹之后，还有一道重要的作旧的工序——老化。这种作旧方法通常是保密的，由于米格伦的死期将至，继续作这幅画的意义就不大了。

可是为了彻底查明此案，法庭曾组织了一个国际陪审团，其中邀请了一些化学家、物理学家和历史学家等专家。这些专家使用了许多科学鉴别手段，如化学分析、X射线探测等，分析画面和颜料成分。结果发现，这些作品都是作伪的东西，是赝品。不久之后，米格伦被判为一年监禁。尽管如此，米格伦由于心脏病发作，还是死在了监狱中。这样，案子就草草终结了。

法院的案子好结，可人们的怀疑并没有完全消除，而且事情还变得有些复杂了。多数人认为，在审判过程中，法院举出的证据并不充分，其分析的依据也不够。就米格伦来看，他仿制的《在埃玛斯的门徒中》是如此逼真，可在监狱中的仿品又是如此拙劣。对此，法院的看法是，《在埃玛斯的门徒中》的赝品不是米格伦仿制的。但是，有的人认为在监狱中作画时，当米格伦听到被判死刑时非常绝望，这大大影响了他作画的情绪，最后只得草草了事，由此并不能断定《在埃玛斯的门徒中》的赝品不是米格伦仿制。由此可见，这两个解释均不能让人信服，应该做进一步的调查和分析。然而，这种要求在过了20年后才被重新提起。

在1968年，美国一所大学的科学家参与了此案件的调查和分析。他们利用放射性分析手段做了分析，确定《在埃玛斯的门徒中》的确是赝品，并且还分析了其他几幅弗美尔的作品，结果有的是真品，有的是赝品。至此，这场疑案终于告破。那么，在这次放射性分析中，放射线技术是怎么鉴定的呢？

这种放射线技术实际上是一种计时手段。在日常生活中，人们的计时手段主要是用钟表，然而利用钟表计时已过去几百年、乃至上千年的时间是做不到的。这时，考古工作者精确测定文物和古董就要利用放射性技术了。

● 失败是成功之母

放射性同位素能够不断地向外释放出某些射线，这样，人们可以利用探测仪器，通过接受这些射线，对这种元素进行跟踪侦察。以它们放出的射线为“标记”，观察它们的变化和作用过程的“行迹”，从而开展一些相关的科学探索和应用方面的研究。人们把这样一种技术称为“示踪技术”。示踪技术在工业、农业、医学以及科学研究等方面都有重要的意义。例如，机械制造、金属加工、半导体技术等生产过程，利用示踪技术进行监控，人们从中可以获取大量的信息，并能及时发现存在的问题，为改进生产工艺和提高产品质量提供了科学的依据。

当今的示踪技术有几千种，较早使用这种技术的人中有一位物理学家，这就是德国著名的科学家赫维塞。

赫维塞是犹太人，但是他的父亲已加入了基督教。赫维塞早年生活在匈牙利，在第一次世界大战之后，由于匈牙利的政治动荡，又由于他和他的同事是犹太人，被学校解聘了，这样他于1919年5月到了丹麦，并被著名科学家玻尔安排在他的研究所。在玻尔的指导下，赫维塞为发现第72号化学元素铪做出了贡献。后来他到德国大学当教授，当希特勒上台后，他怕受到迫害，于1934年10月再次来到了哥本哈根，又被玻尔安排在他的研究所工作。

赫维塞再到哥本哈根时，距离发现放射性已过了近40年，这时人们对放射性的认识已大为深入了。赫维塞这时也开始关注起放射性的研究工作，并且将同位素示踪技术引入生物学。为什么赫维塞选择了这样一个研究方向呢？

这要从赫维塞在曼彻斯特工作时说起，在曼彻斯特时，赫维塞跟随著名科学家卢瑟福工作。当时卢瑟福对镭D很有兴趣，可是在保存的镭D中发现了一些铅。有一天，赫维塞见到卢瑟福，卢琴福便对他讲道："孩子，如果你真有本事，就把镭D从这些讨厌的铅中给我分离出来。"当时，赫维塞还很年轻，他认为这没有什么问题。可一做起来才知道，这是不可能的。后来他才搞清楚，这镭D就是铅-210，可见当时大家对放射性物质的认识还是很不全面的。

失败并未使赫维塞消沉。俗话说，吃一堑长一智。既然费了这么大的劲，能不能从中搞出点儿名堂呢？他开始琢磨，一开始的研究方向是不对的，能不能再变换个方向试一试呢？他取了一毫克硝酸铅，其中加了一点纯镭D，让硝酸铅参与化学反应。由于硝酸铅与镭D是不可分离的，镭D就要参与全程反应，借助镭D就可以确定铅盐（不只是硝酸铅）在反应中是如何作用的。这样，赫维塞就把镭D看作是铅的一种指示剂，并且赫维塞的做法实际上预示了一种新技术的开端。这种指示剂已被后人改称为示踪剂，而相应的技术就被称为“示踪技术”。这就是“失败是成功之母”的道理，赫维塞的失败却得到了一些意想不到的东西。这对我们难道不是一种有益的启迪吗?

在曼彻斯特时，赫维塞对这种新技术还未特别在意。后来，他到了哥本哈根才利用了这种铅示踪剂。他还使用了镭D和钍B（铋-212）作为示踪剂，这是在生物学中首次使用示踪剂。不久，这种方法就被医生应用在临床上。反过来，这又启发赫维塞对老鼠施用标志铋化物，研究铋化物被老鼠吸收、输运和排出的过程，探讨有实用价值的示踪剂。

这件事发生在20世纪20年代，并且是在研究动物新陈代谢的活动中首次使用了示踪剂。不过接着的研究是在十年之后了。

当美国科学家尤里发现了氢的同位素氘（写作D或氢-2）时，由于氘具有放射性，赫维塞想到了要把它当作示踪剂。他写信给尤里，想要几升含有氘的水。我们知道，普通水的分子式可写作H_2O，如果这里的氢换上它的同位素氘，分子式就写作D_2O，俗称重水。赫维塞要的这几升水中含0.5%的氘。用这些重水，赫维塞做了一些实验，如将金鱼放在其中，看金鱼体内的氘含量，就可以算出金鱼对水的需求量；还可以将这些重水注入人体内，借助类似的方法就可以计算出人体内的含水量。当时从赫维塞的研究中得到的数据是，瘦人的含水量是67%。如此看来，我们人并不是“肉人”，而差不多是“水人”了。

然而，从实验的结果来看，氘并不是一种好的示踪剂。不久，赫维塞就不再进行氘的研究了。由于人工放射性研究获得了很大进展，人们得到人工放射性物质就变得更加容易了。这样，赫维塞就再次将注意力转向了放射性同位素在生物学上的应用。他发现利用适当的示踪剂和生物体，就可以使过去难以知晓的生物生长全过程搞清楚了。例如，老鼠的骨骼中含有磷，可是这些骨骼中的磷是永久的呢，还是要进行更换的呢？他用磷-32作示踪剂，发现老鼠的一生中，其骨骼要置换掉1／3的磷。

由于赫维塞等人的研究成绩，1938年还在玻尔的研究所召开了第一次国际生物学学术会议，集中讨论了示踪剂在生物中的应用问题。要知道，玻尔的研究所可是专门研究原子物理学的，可见赫维塞等人的研究确实是走在了世界的前列。

赫维塞等人做放射性实验常需要一些动物，这就使这里的动物也带有了一些放射性。有一次，研究所未看管好这些动物，有一只猫跑了出去。当时大家就分头去找猫，结果找回来十余只，到底是哪一只呢？这并不难办，可以进行唾液检验。检验结果是，其中一只猫的唾液中有放射性物质。那就是它了！

赫维塞也是最早在生活中利用示踪技术的。在赫维塞居住的地方，房东可提供一些食品，为此赫维塞进行了一次有趣的示踪技术的实验。由于吃的肉食杂烩的味道有些不对，他怀疑房东用剩肉作杂烩。他的怀疑确实吗？为了验证一下，他将放射性很弱的示踪剂在剩肉上滴上了一小滴，而后将肉留在盘子内。第二天，饭桌依旧摆上了杂烩。赫维塞将手中的盖革计数管靠近了盘子。这时，赫维塞手中的计数管就噼里啪啦地“叫唤”了起来。这说明，房东的确是用了剩肉做杂烩。

由于赫维塞在应用同位素作为示踪剂的研究上取得了很大的进步，他因此获得了1943年度的诺贝尔化学奖。正在这时，占领丹麦的纳粹当局要迫害犹太人，赫维塞只好离开了丹麦。当时，获得诺贝尔奖的人可以申请瑞典国籍，这样赫维塞就入了瑞典国籍。我们今天在全世界的医院中，假如有同位素医学部门，那这种医学的检查技术基础就是赫维塞最早建立的。又由于赫维塞在和平利用原子技术方面的重要成就，他还在1958年获得了第二届“原子和平奖”（第一届是玻尔获得的）。

● 行之有效的“追踪侦察”

利用示踪技术，能够比较精确地测定流体流动的情况，它具有广泛的应用价值。比如，地下管道中的石油或水的流动情况，不便于人们直接测量，为了随时掌握流体在管道中的流动情况，只需要在液体中掺入少量具有放射性的溶液，利用一种探测装置，在相距一定间隔的两个确定点，进行跟踪测量，可以很容易地测出液体的速度，掌握流体在地下管道中的运行情况。

在农业方面，这种技术的应用也是很普遍的，可用于农作物施肥效果、农药作用、植物生理、农田水利、生物工程等方面的研究工作。例如，在棉花接近成熟期时，把含有放射性磷-32的磷肥，施在棉花的根部，这是一种传统的施肥方法。通过植物对肥料吸收情况的监测，发现

用示踪技术挑选奶牛品种

在棉桃中放射性磷-32很少，说明在这个时期，根部施肥的效果并不好，不能充分发挥肥料的作用，也不利于棉桃的生长。后来，人们想出了施肥的新方法，把液体磷肥喷洒在叶面上，这种方法叫作“根外施肥法”。施肥几个小时后，就可在棉桃中测量到比较强的放射性，这表明肥料很快被棉桃吸收了，显示出这种施肥方法的优越性，即植物吸收快，有利于果实的生长，能够提高作物的产量。这是示踪技术应用在农业上的一项突出的成果，如今已被广泛采用。此外，在畜牧业中，示踪技术也用于改良猪、牛、羊的种性品质。

在医学领域，示踪技术常常用于“侦察”人体各部分组织的功能和病变情况，“跟踪”观测药物在人体内的吸收情况。这种方法非常简便，将放射性磷-32掺入患者的饮食中，经过一段时间后，探测中发现，出现病变的部位中，比如肿瘤，它的放射性强度要比周围强很多。医生根据这种异常情况，能够很好地确定病变的位置及其分布情况，病人没有任何痛苦的感觉，对于手术的实施也很有好处。

目前，医用放射性物质不断更新，主要用于诊断药物、治疗药物和示踪剂等几个方面。近些年来，在医用放射性物质的家族中，利用反应堆生产的、半衰期较长的、包含中子过多的一些物质，所占比例在逐渐减少。这对于疾病的治疗和病人健康的恢复都是有益的。如今，医用放射性物质正朝着半衰期短、特殊性能高的目标发展。

随着医用放射性物质品种的不断增加，人体中各重要器官，几乎都能用放射性物质进行显影，这为病情早期诊断、早期治疗提供了有效的方法和手段。

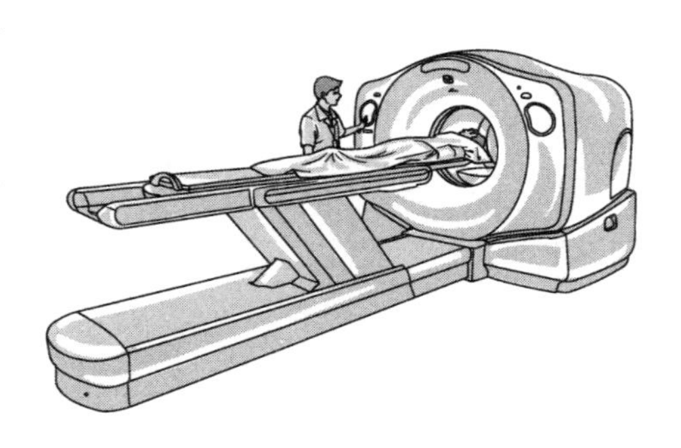

示踪剂“侦察”肿瘤

不仅如此，在基础医学研究方面，由于示踪技术的运用，使得一些难题不断被攻克。对于人体内各种物质的代谢变化，已经能够在分子范围内进行追踪研究，从而可以深入细致地揭示出体内以及细胞内新陈代谢的秘密。这样，对于疾病早期诊断、及时治疗和疾病的预防都有着非常重要的价值。例如，胆固醇是反映胆功能的一项重要指标，它在生物合成的全部过程中，需要40步反应才能够完成。通过示踪技术的“侦察”，整个合成过程，人们已经了如指掌。

由此不难看出，放射性示踪技术已经成为现代医学不可缺少的“锐利武器”，是一种行之有效的“追踪侦察”手段。

● 应用广泛的射线技术

放射线的穿透本领、电离作用，以及由射线引起的化学反应和生物效应等技术，在工业、农业、医学和其他方面都可以直接加以运用，这给人类的生产和生活带来了很大的方便，真正是造福于人类了。

科技人员研制的利用放射性的探测仪器也是种类繁多，用途广泛，使用简便。比如，有一种探测装置叫作厚度计，顾名思义，不难知道它是用来测量金属材料、薄膜、纺织品及镀层厚度等的一种仪器。在金属加工过程中，通过对射线穿过金属板强度变化的测定，可以自动检查和控制金属板的厚度。此外，还可利用密度计测量矿浆、石油、河水泥沙的密度等。

γ射线探伤仪是目前应用最广的一种探测仪器。利用它可以检测产品的内部伤痕和砂眼，鉴定产品的质量，常常被人们称为“无损γ探伤法”。这些仪器检测速度快，灵敏度高，而且不受外界条件变化的影响，使用简便，受到了人们的欢迎。

自20世纪80年代以来，医学CT断层显像技术开始迅速向工业部门转移，出现了工业CT探伤技术，这种无损伤检测手段已广泛应用于石油、建筑、铁路和航空等部门。

在化纤和纺织生产、印刷和造纸工艺中，由于摩擦会产生静电，电荷聚集在物品上，若不消除静电，可能会产生大量的废品；而在一些化工产品、火药、胶片等生产中，若不消除静电，如果电荷积累过多，容易产生放电现象，并引起火灾，甚至引起爆炸事件，危及人身和财产的安全。利用射线的电离作用，人们可以将聚集在物品上的电荷中和掉，消除隐患，保证生产的正常进行。

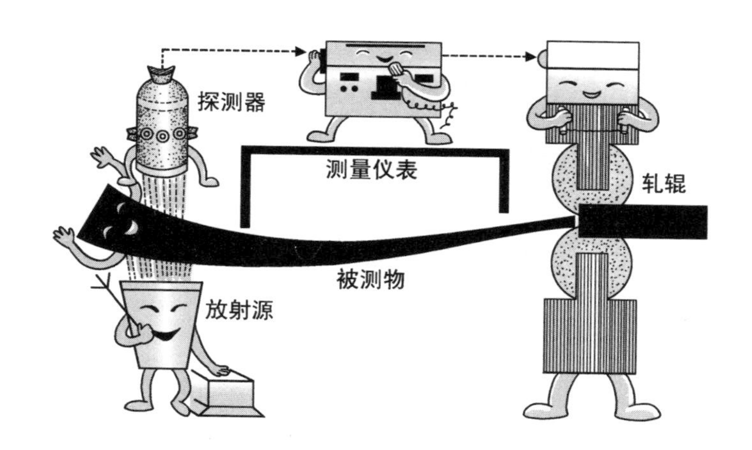

放射性测厚示意图

射线引起的生物效应，在农业方面有着重要的应用。辐射育种就是突出的事例：利用射线产生的效应，诱发生物体产生遗传变异，能够在较短的时间内，获取有价值的优良品种。例如，用一定强度的γ射线，照射水稻的种子，得到变异的后代；再从这些种子中选出优良的品种，经过几代的培育，能够培育出产量高、抗病虫害能力强、成熟早的优良品种。

根据国际原子能机构1992年的统计资料，全世界已有51个国家和地区开展辐射育种的研究，在110种植物中，已经培育出的新品种多达1100个，收到了非常显著的经济效益。

我国自20世纪50年代末期，开始进行这方面的研究工作，并取得了很大成果，目前已居世界前列。已经培育出29个种类、300多个品种，约占世界突变品种总数的1/3。

近些年来，辐射育种技术应用范围不断扩大，在花卉、微生物以及药用植物等方面，已经取得了很好的效果。由此可见，这种育种技术有着广阔的发展前景，将给人类带来更多的福音。

农副产品经过射线照射以后，有杀虫、灭菌的功效，能够抑制发芽，防止腐烂变质，起到良好的保鲜作用，有利于长期贮存，而且不改变产品的色、香、味，没有农药的污染，食用起来有益于人们的身体健康。

据不完全统计，粮食、水果、蔬菜、肉类等食品，在保存、运输、销售等过程中，因病虫害侵蚀和细菌作用，导致腐烂、发霉变质，遭受的损失高达20%～30%。可见，避免或减少这种损失具有十分重要的意义。

射线在医学方面的应用取得的成就更是有目共睹。在放射线发现的初期，人们就发现了射线对某些疾病的治疗作用，引起了人们极大的关注。1900年，瓦克霍夫和吉塞尔第一次报道了人体组织经过射线照射后，会产生某些生理效应，从而拉开了放射性在医学领域应用的序幕。于是，与放射性有关的一些新技术被迅速地应用于医学方面，并逐渐形成了一门新型学科——放射医学，开创了医学科学的新时代。

在临床上，射线有着多方面的应用：利用射线照射可以进行杀菌、消毒；利用射线治疗甲状腺亢进；利用射线可以抑制或杀死癌细胞，它已成为治疗肿瘤的重要方法和手段。

另外，放射医学中诊断、治疗仪器不断推陈出新，使得临床诊断水平和检验水平不断提高。1951年使用的扫描仪只能对器官进行静态显影，而且成像速度慢。放射性物质显影朝着动态和断层方向发展。1957年问世的γ射线照相机，实现了对器官快速动态显影，把器官的形态和功能结合起来进行观察，取得了非常好的效果。

诞生于20世纪70年代的计算机断层装置，能够从不同的方位摄取体内放射性物质的分布图，再经过计算机处理，可

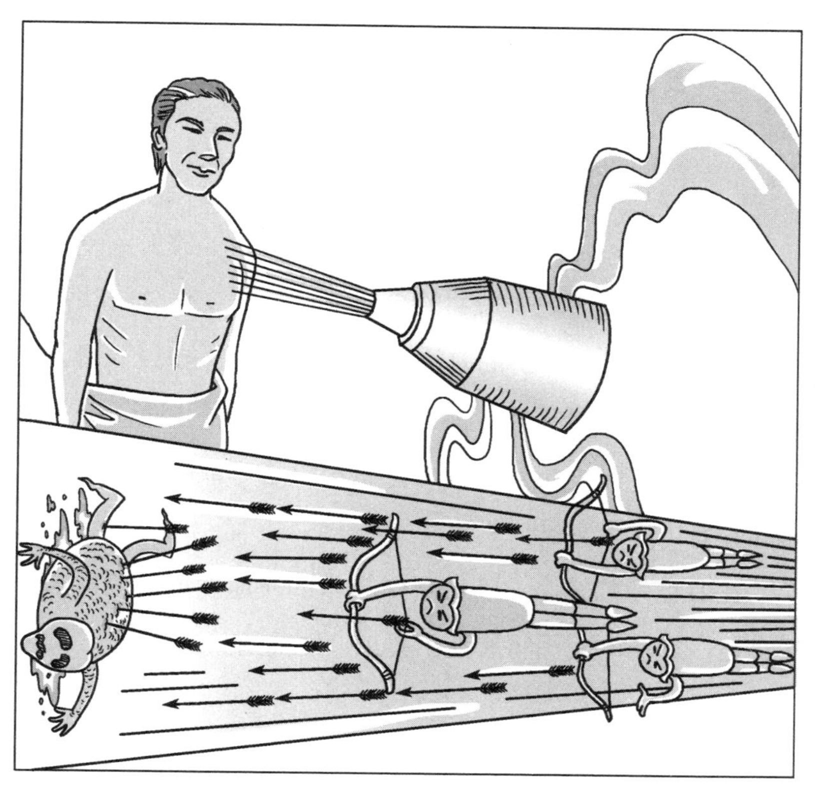

用射线治疗癌症

以给出这些放射性物质在体内各层面的分布和立体分布重建图。利用这种装置诊断病情，定位准确，分辨率高，观察器官的功能效果非常好。目前，这种装置分为两种类型：一种叫作单光子发射型计算机断层装置；另一种叫作正电子发射型计算机断层装置。这些CT断层诊断技术有着广泛的应用。

利用单光子发射型计算机断层装置的显像技术进行脑功能检查，是大医院一种常用的诊断方法。借助这种检查手段，人们不仅可以研究脑血流量的变化、脑代谢的进行情况，而且还可以获得横切面、冠状面或者剖面的图像。这样，能够使临床诊断达到物质代谢与功能形态结合起来的一种综合的观察效果，从而对病情认识清楚明了，治疗更有针对性。

近些年来，美国科学家柏森和雅罗创立了放射免疫分析法，此后又相继出现了放射酶分析法、放射受体分析法等。利用这些体外放射分析的方法，使过去无法测r定或测量，或者很难测定的微量成分，能够非常准确地测量出来。为一些疑难病症的诊断、治疗和愈合分析提供了可靠的依据，使临床检验有了重大突破。

在21世纪的未来，随着科学技术的飞速发展，放射线分析在这一领域的应用将展现出更加广阔的前景。

为地球测算年龄

地球是人类赖以生存的家园。从它诞生至今已经历了几十亿年。它几经沧桑，几经磨难，在大自然和人类的共同努力下，才展现出今天的英姿。

地球的年龄高达几十亿年，对这一久远的年代，人们是怎样推算出来的呢？为地球测算年龄，这多少带有一些神秘感。然而，运用我们上面讲述过的放射性衰变规律，回答这个问题是不困难的。

我们知道，有一些重元素，像铀-235、铀-238等，它们的半衰期相当长。由于它们衰变得非常缓慢，直至今日，在地壳中依然可以找到它们。这些元素与地球同时生成，并且长期共存。因此，它们的存在是判断地球年龄最好的方法。

我们以铀-238为例，它可以放射出α粒子，也可以释放β粒子。每经过一次衰变，便有新的元素产生；如果新的元素仍然具有放射性，它又会继续衰变为其他的元素……如此地衰变下去，直至最后衰变为一个相当稳定的元素——铅-206。在地球形成时，岩石中每单位质量里面含有铀-238的数量是一定的。这些铀原子经过了漫长的岁月，至今，有些已经衰变为其他的元素了；有些完成了一系列衰变之后，变成了铅原子；也还有相当数量的铀-238没有发生衰变，它们仍然存在于地壳中。

铀-238在衰变过程中，产生的一些中间产物，由于它们的半衰期很短，经过久远的年代后，存在的数量早已微乎其微了，它们远小于铅原子的数量，完全可以忽略不计。我们从现存的古老岩石中，只需测量出每单位质量中尚未衰变的铀-238与铅原子的数量之比，利用放射性衰变规律，就可以比较准确地计算出地球的年龄。通过大量的实验测定，科学家们发现的最古老的岩石年龄高达30多亿年。

科学家们还可以利用铅放射性分析测量地球的年龄。首先科学工作者要先采集大洋底部的近代沉积样品、高原玄武岩样品和陨石样品，而后进行铅元素分析。经过精确计算表明，地球年龄为45.5亿年左右。这个年龄基本上就是人们通常所说的地球的年龄。

对月球年龄的分析，其方法也大致如此，利用放射性测定的方法，确定月球的年龄约为46亿年。对陨石测定的结果，得出月球的年龄为42.4亿～47.6亿年。这样，地球、月球和陨石的年龄都在45亿～46亿年，可见太阳系成员形成的年代大致在同一时代，这对研究太阳系演化提供了一些重要依据。

当然，放射性测量年代的方法用途是很多的，在科学研究、文化发展和经济建设中发挥着重要的作用，并且还将会发挥更大的作用。

浩瀚的宇宙，始于100多亿年前的一次宇宙大爆炸。地球只是星际间一颗小小的行星。在这悠悠岁月中，几经变迁，才逐渐成为今天这样美好的家园。它是星球中的佼佼者，在广袤无垠的宇宙间，到目前为止，科学家们还没有探测到像地球那样的星体，能够为生命的存在与发展提供如此适宜的环境。因此，人人都应该珍惜它、爱护它，用我们的双手把它建设得更加美好，装扮得更加妖娆，为人类生存与发展创造出更加灿烂的未来。

● 从伽利略说起

在距今约400年前，著名的意大利科学家伽利略在研究落体运动问题时，觉得落体下落得太快，难以测量它的速度。为此他设计了斜面实验，让物体下落变成了下滑，这样就使速度降了下来。为了测量物体下滑的时间，伽利略设计了一种“水钟”。所谓“水钟”就是下部开口的一个水杯子，并在开口处装上一个阀门，然后把它装满水。当物体下滑的同时，打开阀门，让水流入另一个杯子；当物体滑落到斜面的底部时，就关闭阀门。再改变实验条件继续做实验。在获得了不同的水量后，根据物体下滑时间与漏水量成正比的原理，就可以算出物体下滑所需要的时间相关量。利用放射性物质测量时间的原理也大致与此相似。

利用放射性物质测量，主要是由于放射性具有两个很好的品质：一是每种放射性物质都向外辐射射线，并且不同的放射性物质每时每刻辐射的射线量不同。二是每种放射性物质的半衰期也不同。在利用放射性物质的衰变来计时上，美国科学家利比做出了开创性的工作。

1939年，年轻的利比在研究宇宙线时，将一台灵敏度很高的探测器装在气球上，以测量高空中的某些射线的强度。在全程测量过程中利比发现，在开始时随着气球高度的增加放射性强度也跟着增加，但到了15000米的高空以上时，随着高度的增加，放射性强度反而下降了。这是为什么呢？

经过仔细的研究和分析，利比发现，开始探测到的宇宙线并不是直接来自宇宙空间，而是宇宙射线与大气作用后产生的二次效应。这些宇宙线在大气中与丰富的氮-14相碰撞，产生了具有放射性的碳-14。从化学角度来看，碳-14与普通的碳-12是一样的。这种碳-14与氧化合，可形成二氧化碳。这种由碳-14形成的二氧化碳也像由碳-12形成的二氧化碳是一样的。它们都可以通过光合作用进入生物体内，并寄存于生物体内。由于生物体的代谢作用，这种碳-14还会排出体外，但同时也会再吸收。这样就保持着一个平衡状态，从而使碳-14维持在一个恒量。

然而，当动植物死去后，这种情况就发生变化了。动植物死去，体内的新陈代谢就终止了。这时与外界交换物质的平衡就被打破了。生物体内的碳-14就要按自身的衰变形式变成了别的元素，碳-14的含量就要不断地减少。如果我们知道这个生物体在活着的时候含有多少碳-14，或活体的碳-14放射性强度，测出这时生物体的放射性强度，再知道碳-14的半衰期，这样就可以测出这个生物体死时距今的时间，进而断定这个生物体所生活的时代。这种方法称为“碳-14鉴年法”，目前它已成为考古学中十分重要的方法。

当然，这样分析之后并不是说，利用碳-14可以方便地测定某些生物体的年代了。实际上这种技术还是比较复杂的。因为生物体的碳-14含量是极少的，大约在1000亿个碳原子中才有1个碳-14原子，因此在处理这些样品时要极其小心。

利比在发明这种探测方法后，在实际应用上也做了一定的工作。20世纪50年代，利比借助这种方法测定了埃及金字塔建造的年代，他的小组对金字塔内的遗物进行碳-14含量测定，结果所测定的年代与历史记载的年代非常吻合。

利比的这种方法并不只限于考古学研究，他用这种方法还帮助地质学家确定不同地层的年代、冰川的历史、古海洋平面、古海岸线的变迁、火山的年代，以及沉积物沉积的速度；帮助地理学家研究自然环境的演变史、古气候的变迁、土壤的发育过程。当宇航员从月球取回土壤和岩石样品，也利用放射性探测方法，考察了月球是否存在生命。由于利比在碳-14计时原理上创造出第一个独特的计时工具——核时钟，为此他获得了1960年度的诺贝尔化学奖。

碳-14测定技术还在经济建设中发挥着作用，如建设大坝、港口、桥梁、大厦以及电站等，要选择一个好的地基。在选择地基时要碰到不同的沉积层，而这些沉积层的结实程度往往与该地层的年代有关。一般来说，年代越久，该沉积层就越结实，承接物体的压力就越大。像意大利比萨城的比萨斜塔就是由于选址不当，地基太软，使塔倾斜。据说，在北京饭店建设期间，当挖到13米深处，发现了两棵直径达1米的榆树倒卧在一沙砾层上，用碳-14技术测定，得知树距今的时间约为30000年。这一地质地层做大厦基础十分好，因此，建筑部门就不再向下挖了，而以此沙砾层做基础，这就大大节约了大厦的建筑费用。

记录生命进化的“史书”

碳-14的衰变很有规律、很精确，精确得像一架“标准的钟表”。又由于很多的文物都与碳有关，生物体含有大量的碳元素，像麻布与棉布就是生物纤维织成，这些生物纤维富含碳，陶瓷、青铜器虽不是由碳元素构成，但它们的身上总带着一些像油烟、炭灰之类的含碳元素的东西，这些东西中的碳元素还是可以为年代的测定提供帮助的。例如，在20世纪80年代末，人们要利用碳-14测定技术鉴定一块布的年代。这可不是一块普通的布，这是基督教的创始人耶稣被钉在十字架上，死后为他裹尸的布。后来，有人对这块裹尸布的真实性产生了怀疑。尽管一些历史学家对此做了不少的研究，但总是不能得到为人们所信服的证据。利用碳-14来测定一下，就能确定这块布的年代了。结果这块布的原料纤维是在13世纪才种出来的，但这距耶稣死时已过了1200年了。由此可见，这块布并不是为耶稣裹尸体用的。

考古工作是一项十分有意义的工作。人们通过对古生物、古化石的研究，能够分析和推断这些古生物生存的年代、生活的环境以及繁衍生息的形式……从而可以进一步研究古代的物种，了解和掌握它们的发展和进化的历史，这对于人们了解古代、认识自然、探索地壳变迁等有着十分重要的意义，是现代人认识过去的历史见证。另外，古墓的发掘和对古尸的研究，对于了解古代文化，认识人类的发展史提供了重要的依据。

考古工作对于大多数人来说还是比较陌生的，而且多少带有一些神秘的色彩。考古工作者凭借一块古生物化石，便可准确地知道它们生活的年代；在古墓的发掘中，往往通过分析古尸和陪葬品，便能够推断出墓穴中主人死亡的时间。

1972年，在湖南长沙发掘的马王堆1号汉墓曾轰动一时，引起了广泛关注。我国考古方面的专家正是利用出土古尸的陪葬品——梅核壳作为样品，来鉴定这座古墓建造年代的。他们运用上面的计算方法，推算出古墓修建的年代为公元前165年，距今已有2100多年的时间了。这样的计算结果，与查找到的县志记载的年代非常接近，显示出这种方法的可靠性。

如今，人们依据放射性的衰变规律，已经研究出各种鉴定古生物、古化石的方法，从而为考古工作的开展提供了有效的方法和手段，这对于古文化的研究和人类历史的探索无疑是十分重要的。例如，通过放射性测定技术，科学家们发现在美国西部地区首次出现的定居点大约距今11 500年。过去的许多研究表明，美洲人类来源于毗邻的亚洲居民，而且到美洲定居的年代也与碳-14的测量吻合得很好。20世纪90年代，在我国实施的夏商周断代工程中也使用了碳-14技术，以确定商周诸代王朝的纪年。

然而，利用碳-14和铀-238来确定年代只是放射性测时技术的一部分，还有其他放射性元素可以利用。如在米格伦假画案中，专家利用的就是放射性元素铅测时。在油画颜料中常用到铅元素，就像碳-14在生物体（死去的）中的含量不断按一定规律减少，油画颜料中的铅也含有一定的铅-210，它的半衰期为22年。从前面我们已知道，铅-210是从镭-226衰变而来的，镭-226的半衰期为1620年。当铅-210处在被包含的矿物中时，时间一久就会达到放射性平衡。也就是说，这时矿物中各种放射性物质都在“按部就班”地工作。这时镭-226衰变为铅-210的数量与铅-210衰变的数量是平衡的，即矿物中铅-210的数量是不变的。当铅从矿物成分中分离而制作成颜料成分后，原来的平衡就被打破了。由于得不到镭-226的补充，铅-210就越来越少了。

在实际过程中，颜料中的镭并未完全被清除掉，而是有极少的残余。这其中的镭与铅-21要经过200~300年的时间又会达到一个新的放射性平衡。经过一定的测算，就可以知道从镭-226到铅-210距放射性平衡还有多少差距，进而知道作这幅画距今的时间。若这画真是弗美尔画的，那么放射性衰变过程已很接近平衡状态了。如果离放射性平衡还差得很远，则是假画，即赝品。当然，在实际测量过程中，情况要复杂些，也就是说，从镭到铅还有一些中间过程要具体地加以分析。

自1896年放射性发现以来，时至今日已有百余年了。在这漫漫的岁月中，人们对于放射性的研究不断深入，应用范围也在不断拓展，目前已经取得了长足的进展，获得了累累硕果。

一方面，放射性为人类探索物质的微观结构提供了有力的工具。人们对于原子核的认识，最早就是以放射性的发现开始的。这一时间要比卢瑟福提出原子的有核模型还要早15年。不仅如此，放射性的研究也是人们认识原子核的内部结构、性质和运动规律的一条非常重要的途径。

另一方面，放射性同位素在国民经济中的许多领域都有着广泛的应用，这是人类和平利用原子技术的一个重要方面。由于它投资少、见效快、效益大，常常被人们称为核工业中的“轻工业”，已极大地造福于人类了，因此受到世界各国的高度重视。我国也不例外，现在已取得了令世人瞩目的成果。

由于射线对人体细胞组织有一定的破坏作用，人们如果受到过量的射线照射，就会引起某些不良反应，甚至得某些射线病，使人受到暂时的或永久的伤害，严重的还会危及生命。因此，我们应该有自我保护的意识，注意防护，确保安全。

五、神秘的“天外来客”

物质结构、宇宙起源和生命演化是当代自然科学的三大基础课题，其中物质微观结构的不断揭秘、宇宙起源的探索都与宇宙射线的研究和探索有着密切的联系。正如有的科学家比喻的那样，宇宙射线好比一座“桥梁”，人们借助于这座桥梁，把物质微观结构的探索从原子的层次开始进入到原子核的内部，开始探索更深的层次；而人类对宏观宇宙的认识更与宇宙射线密不可分。正是射线把人类对宏观世界的研究同微观世界的探寻紧密地结合在一起，从而为浩瀚无垠的宇宙图景上不断增添一个又一个新的成员。然而，人们也发现了许多令人不可思议的奇异天象。这一切，正吸引着更多的科学家为之努力探求，为这一领域开创着美好的未来。

宇宙射线分布在广阔的宇宙间，它的发现虽然多少带有一点儿偶然的色彩，但仍成了20世纪物理学的重大成就之一。近一个世纪以来，有关宇宙射线的研究与探索正焕发着勃勃生机。随着科学技术的发展与进步，探测手段的不断更新与完善，宇宙射线的研究成就在21世纪必将更加灿烂辉煌。

● 验电器的“困惑”

谈起验电器，大家并不陌生，我们常常用它做一些静电实验。验电器在不带电时，两片铝箔总是下垂的；当它带电荷时，两个叶片便会张开一个角度。验电器不仅能用来检验电荷的存在，而且还能够用来探测射线的存在。因为当射线从空气中穿行时，可以使气体电离，空气中不断产生的电子或正离子会中和掉验电器所带的电荷。假如验电器所带的电荷消失了，就说明射线使空气发生了电离。正是这一普普通通的道理，蕴育了一个重大的发现。

1901年，英国几位科学家正在实验室利用验电器做实验，他们观察到一种很奇怪的现象：带了电荷的验电器，经过一段时间以后，验电器所带的电荷会慢慢自动放掉，而实验室周围并不存在具有放射性的物质源。那么，是什么原因使验电器的电荷被中和掉了呢？起初，他们认为验电器绝缘性能可能有问题，造成缓慢漏电。于是，这几位科学家想方设法改进绝缘条件，以防止电荷漏掉。尽管如此，漏电现象依然存在。这使他们都感到很惊讶！到底是怎么一回事呢？后来，为了进一步查清漏电的原因，他们便把带了电的验电器密封在一个铅盒里，避免外界对它的影响。这样处理的结果，虽然验电器漏电现象有了明显的减弱，但并没有根除。对于这种现象的解释，他们推断，一定存在着具有很强穿透本领的射线，当它们进入或穿过铅盒时，会引发气体的电离。可是，实验室及其附近并没有放射源，那么，射线来自何方呢？有人提出，这些奇怪的射线会不会来自地壳中微量的天然放射性元素呢？

验电器带来的“困惑”

为了检验这种想法是否正确，瑞士一位科学家高凯耳指出，如果射线的确来自地壳中，离开地面越高，射线的强度会越来越弱，当到达一定高度时，射线就不存在了。这时，验电器的漏电现象也就不会发生了。

按照这种设想，1909年，高凯耳乘坐大气球，将验电器带到几千米的高空。在气球逐渐上升的过程中，开始的确观察到验电器放电速度在减慢，表明随着气球的升高，射线的强度在减弱，观察结果与预想的情况是一致的。然而，当气球上升到一定高度时，却出现了新的情况，验电器放电速度反而加快了。气球升得越高：2000米、3000米……验电器放电速度也越来越快了。发生这种情况，显示出射线强度不但没有减弱，相反更强了。这一实验结果大大出乎人们的预料，让人难以理解，致使不少科学家感到困惑。

● 赫斯的新发现

奥地利科学家赫斯为了揭开验电器实验的谜团，搞清楚事实真相，1911年，在奥地利航空俱乐部的大力协助下，他制作了10个侦察气球，并把它们送到了5350米的高空，用来探测大气的电离情况。在实验中他收集了大量数据，从这些资料中可以清楚地看出：在距地球地面的高度约为150米时，气体电离是逐渐减弱的；随着气球上升高度的增加，气体电离现象越来越强。这一实验结果与高凯耳等人的测量情况没有什么不同。

奥地利科学家赫斯

不仅如此，赫斯在实验中还发现，在同一个高度，无论是白天还是黑夜，实验得到的结果完全一样。可见，这些射线与太阳、行星以至银河的位置没有关系。

这些科学家冒着生命危险获得的实验资料已经充分证明，这些射线不是出自地下，而是源于天外。赫斯等人第一次成功地发现了宇宙辐射的存在。这种辐射最初被称为“赫斯辐射”。后来人们才把这些看不见、摸不着的很神秘的射线称作“宇宙射线”，简称“宇宙线”。

20世纪初期宇宙射线的发现，不仅促进了现代科学基础理论的研究，而且成了人们了解宇宙、认识宇宙的一个重要的“窗口”，透过这个“窗口”人们可以探索茫茫宇宙中的秘密。正因为如此，对宇宙射线的研究引起了科学家们广泛的兴趣。通过大量的实验数据表明：在5000米的高空，射线使气体电离的程度比地面附近大2倍；到了9200米的高度时，气体电离强度竟比地面附近大10倍。宇宙射线强度与离地面高度之间的变化关系是：开始，随着离开地面高度的增加，宇宙射线的强度逐渐增加，在20 000米附近，射线强度最大，约为地面的50倍；到20 000米以上的高空，射线强度

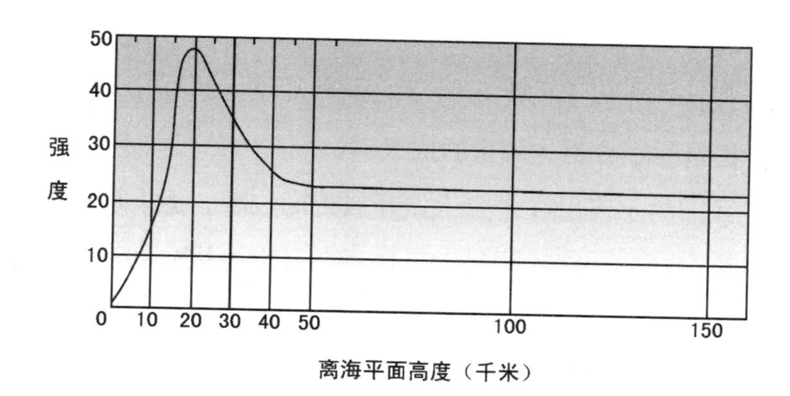

宇宙线强度与高度的关系

反而减小了；到50 000米的高空，射线强度不再随高度增加而发生变化，这时的射线强度仅是最大强度值的一半。

另外，经过多年的深入研究，人们已经揭开了宇宙射线的神秘面纱，认清了它的“庐山真面目”。所谓宇宙射线就是宇宙间射向地球的高能量粒子流。宇宙射线的发现是赫斯为人类做出的杰出贡献，为此他荣获了1936年度的诺贝尔物理学奖。

● 宇宙来的“小客人”

为了深入开展宇宙射线的研究与探索，赫斯做了大量的实验工作，他曾在纽约恩派尔大厦的塔顶、在南美的旅行中、在太平洋上进行了一系列的研究工作。1934年，在奥地利科学院、柏林科学院以及纽约洛克菲勒研究所的大力支持下，赫斯在因斯布鲁克附近的高山上建立了研究站，开始了对海拔7000米以上的宇宙射线的研究工作。经过几十年的努力，他取得了令世人瞩目的成果。

我国的宇宙射线研究工作开展得比较晚，但发展得比较快。早在1953年，我国科学工作者在云南海拔3180米的高山上建起了观测站。1965年又将这个观测站迁移到云南东川，建在海拔3232米的高山之颠。在那里安装了大型的探测仪器——磁云室，为开展宇宙线的研究工作提供了有利的条件。

后来中国科学院高能物理研究所在西藏海拔5500米的高山上建起了新的观测站，使大型观测装置——乳胶室在世界屋脊上安了家。几十年来，我国物理学工作者在这个领域已经取得了许多重要成果。

在几十年的风风雨雨中，人们对宇宙线的研究与探索硕果累累，不仅陆续发现了众多的“天外来客”，如μ^-粒子、μ^+粒子、π^+粒子、x^-粒子、π^0粒子……而且对宇宙线有了更深的了解和认识。这些“天外来客”与天然放射性粒子相比，有着许多特别之处，主要表现在：

第一，宇宙线具有很高的能量，天然放射性粒子则相形见绌。如同用米来度量长度，用千克度量质量一样。度量宇宙线粒子的能量的大小，通常以电子伏作为单位。电子伏就是带有一个电子电量的粒子，经过电势差（电压）为1伏的电场时，粒子所获得的能量。宇宙线粒子的能量一般都在10^9电子伏以上，比太阳发出的可见光光子的能量高出几亿倍。这样高的能量人们还从来没有遇到过。近些年来，在研究中科学家们发现，在大气层的外面，存在着能量更高的宇宙线粒子，可达10^{21}电子伏。在地球上，人们要想通过加速器获得这样高能量的粒子，从理论上计算，就要建造更大的加速器，但现有技术还不可能达到。以加速质子为例，要使质子的能量达到这样高的程度，其加速器的直径就要比地球的直径还要大。可见，宇宙射线实际上就是一个天然的高能量粒

我国云南省宇宙射线观测站

子源，它的粒子为人类开展高能物理、天体物理和宇宙现象的研究提供了所需要的超重型“炮弹”。

第二，宇宙线具有非常强的穿透本领，天然放射性粒子则望尘莫及。来自遥远星际的射线粒子，不仅能轻而易举地穿云破雾来到地球表面，而且它们还有足够的能量可以穿透1000米厚的坚硬地壳。实验中发现，在几千米深的水下，人们仍然能够观测到宇宙线的踪迹。有人曾做过这样的实验：在宇宙线前进的路上，垂直放入一块10厘米厚的铅板，结果只能挡住能量比较小的一些粒子，对于能量高的粒子则畅通无阻。通过铅板以后，粒子总数仅减少了三分之一。如果让剩下的三分之二粒子再穿过100厘米厚的铅板，仍然会有一半的粒子顺利过关。宇宙线的贯穿本领，是放射性的α粒子、β粒子，甚至包括γ光子无法相比的。

第三，宇宙线的密度很小，远不及天然放射源周围空间射线的密度。宇宙线在宇宙空间的分布非常稀疏。大量观测数据显示，在海平面上，射到每平方厘米上的宇宙线粒子，平均每分钟仅有1.5个；在高空，宇宙线粒子的数量虽然会大一些，但密度仍然很小。即使在包围地球的大气层的最上端，每分钟射到每平方厘米上的粒子数也不会超过60个。至于那些能量足够高的粒子，其数量就更少了。例如，射到地球大气层表面每平方米、能量超过10^6电子伏的粒子数，平均每小时大约只有1个；而能量在10^{15}电子伏以上的粒子数就更少了，平均一年才有1个。因此，这些“天外来客”尽管具有很高的能量和异乎寻常的贯穿本领，但由于数量稀少，又有厚厚的大气层这一天然屏障，对于生活在地球上的人来说，不用担心有什么危害，它们的影响是微不足道的。

但是，对于从事高空飞行的人员，特别是宇宙航行人员来说，情况就不同了。那里的宇宙线粒子不仅能量高，而且数量也比较大，对于宇航员会产生辐射损伤。做好预防，减少伤害，在宇宙飞行中是一件要认真对待的事情。

宇宙射线大家族

原子是由电子和原子核组成的；原子核是由质子和中子组成的，质子和中子统称为“核子”。核子之间的相互作用力称为“核力”。核子就是凭借着强大的核力将质子和中子束缚在一个狭小的空间，这个空间近似为球形，直径仅有10^{-15}米。那么，粒子之间的相互作用是怎样实现的呢？为了回答这个问题，日本著名物理学家汤川秀树提出了一个重要理论。他认为，核子之间的相互作用是通过交换一种媒介粒子来实现的。汤川秀树指出，原子核体积非常小，这就意味着核子之间的相互作用距离是非常短的。他依据原子核的尺度，估算出这种媒介粒子的质量大约为电子质量的200倍。由于传递核力相互作用的中间媒介粒子质量比电子大，但又比质子的质量小，正好介于这两者之间。因此，人们把这种中间媒介粒子称为“介子”，这便是介子名称的由来。

发现正电子的美国科学家安德森和他的助手，在1934~1936年期间，正在从事宇宙线中带电粒子穿透本领方面的实验工作。研究中，他们观测到一种新的带电粒子，其中有的粒子带正电荷，有的带负电荷。这种新粒子的质量经测定，为电子质量的207倍，恰好介于电子与质子质量之间，与汤川秀树预言的粒子相符合。于是，人们认为这个新粒子就是传递核力相互作用的媒介粒子，起名为μ介子，并分为带正电的μ^+介子，带负电的μ^-介子。μ介子的发现引起了科学家们极大的兴趣，认为汤川秀树的理论预言与实验结果完全一致，从而证实了汤川秀树提出的核力理论是正确的。

然而，正当人们分享喜悦的时候，对μ介子进一步的研究发现，它与原子核的作用非常微弱，核力同其相比至少要强10^{13}倍。然而，μ介子的穿透能力倒是非常强。这样的介子是无法胜任传递核力的重任的，因为传递核力的媒介粒子理应与原子核有着很强的相互作用。由此可见，μ介子并不是汤川秀树所预言的那种粒子。这位“天外来客”让人们大失所望。

正当人们深感困惑之际，致力于宇宙线研究工作的英国科学家鲍威尔和他的研究小组，改进了探测宇宙线中带电粒子的技术，利用一种新型的照相底片，捕捉带电粒子的径迹。1947年，他的研究小组把这种胶片送到高空进行探测，在大量记录的底片中，他们发现了一种与正电子和μ介子完全不同的新粒子。通过对胶片中粒子径迹的分析，可以推断这种粒子的质量比μ介子要大。经过精确测定，它的质量约为电子质量的273倍，这种新粒子叫作π介子。它是人们在宇宙射线中，继正电子和μ介子之后，探测到的又一个新成员。π介子共有三种：带正电荷、带负电荷、不带电荷。

π介子与原子核之间表现出很强的相互作用，但它的穿透能力表现得很弱。π介子的性质与μ介子刚好相反。根据π介子的行为，人们确认它正是汤川秀树预言的媒介粒子。这正是原子核物理学发展史册上广为流传的“μ－π之争”的一段佳话。

从汤川秀树的核力理论，到μ介子和π介子的发现，标志着人类对物质世界的认识向前迈进了一大步，从认识原子核进

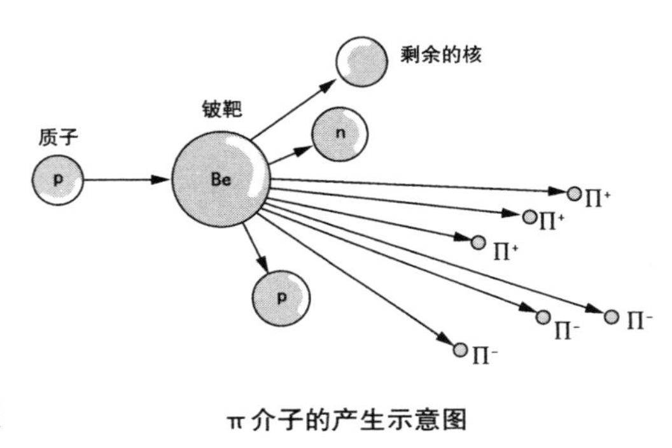

π介子的产生示意图

入基本粒子领域。汤川秀树这一研究成果具有划时代的意义，受到了人们高度评价，他也因此荣获了1949年度的诺贝尔物理学奖，而鲍威尔也获得了1950年度的诺贝尔物理学奖。

μ介子和π介子都是宇宙线大家族中的重要成员，尽管它们之间存在着很大的差别，但也存在一定的"血缘"关系。这两种粒子都是不稳定的，存在时间非常短暂。μ介子的寿命是2.2×10^{-6}秒；π介子的寿命就更短了，仅有μ介子的1/100，并可以很快就衰变为其他的粒子。π^-介子衰变后，变为μ^-介子，同时释放出一个中性小粒子，叫作中微子。同样，π^+介子衰变后，变为μ^+介子，同时释放出一个中微子。μ粒子存在时间也非常短，它很快衰变为电子和中微子。它们的衰变过程分别是：μ^-介子衰变为电子和中微子；μ^+介子衰变为正电子和中微子。

从这种衰变关系，我们不难看出，μ介子是比它重的π介子的"后代"；而电子又可以由μ介子衰变产生。它们既相互独立存在，又存在着一定的内在联系，这为人们探索宇宙线的秘密提供了重要的信息。

从宇宙线的发现，到现在已经历了90多年了，经过科学家们长期的潜心研究和深入探索，如今人们已对宇宙线大家族的情况有了比较清楚的认识。宇宙线是由众多的原子核组成的，其中氢原子核（也就是质子）大约占90%，是宇宙线的主要组成部分；氦原子核（α粒子）占9%；其他的原子核，如锂原子核、碳原子核、氮原子核等总共只占1%左右。凡是地球上存在的各种元素的原子核，在宇宙线中都可以找到。

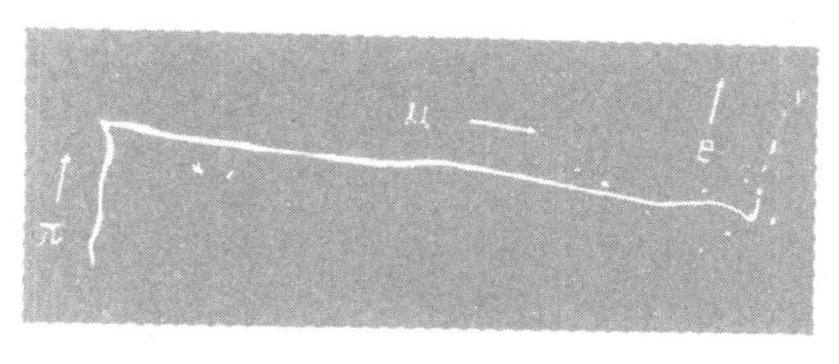

π、μ、e衰变关系图

近些年来，对于宇宙线的研究又取得了重大进展，有了一些新的发现。元素序数大于92的一些原子核在地球上已消失了，但在宇宙线中仍能找到它们的踪迹。还有人预言，在宇宙线中，除了带电的原子核之外，从一些迹象推测，很可能还存在着稳定的、不带电的重粒子成分。这种推测是否正确，还有待于21世纪的科学家们深入的研究。

茫茫宇宙，浩瀚无垠，各种各样的宇宙线在这中间飞来飞去，川流不息。它们来无影，去无踪。正是这些粒子在宇宙中错综复杂的变化，构成了一幅幅绚丽多彩的画面，粒子间相互作用和相互转化的结果，其中蕴涵着丰富的内容，正期待着人类去认识、去探索。

那么，宇宙线这个庞大的家族，它们的“始祖”是谁，发源地在何方，究竟是怎样产生的……这一系列问题时至今日，依然是众说纷纭，仍是一个尚未解决的疑难问题。

由于宇宙线粒子带有电荷，在星际空间时强时弱的电磁场作用下，不断改变着前进的方向。这样就不能够按照它们飞来的方向去寻找发源地，这给问题的研究带来了困难。

目前，一种重要的、具有代表性的推测，认为宇宙线是星体大爆炸引发的。当一颗巨大的恒星，像太阳那样的星体，慢慢演化到晚期时，由于某种原因而发生猛烈的爆炸，释放出巨大的能量，伴随着各种性质的粒子产生，它们漫游在宇宙间，其中有一部分也自然会射向地球。这些“不速之客”的粒子便是宇宙线的“始祖”。

● 星裂与簇射

宇宙线粒子进入大气层以后，它们都有一个不寻常的经历，走过一段曲折复杂的路径之后，就会结束短暂的一生。其中能量比较低的一些粒子，比如质子，它们的经历比较简单，进入大气层以后，与空气中的原子核发生撞击，将原子核打散，有质子和中子释放出来。在这种碰撞过程中，宇宙线粒子必然要失掉一部分能量；紧接着又与其他原子核发生作用，又损失了一部分能量。如此循环往复，经过一次次碰撞之后，粒子的能量已损失殆尽，最后被大气所吞噬，寿命终止。像质子，能量损失差不多时，俘获一个电子，就变成了大家熟悉的氢原子。

至于那些被打散的核子，能量比较高的，在飞行过程中与其他原子核相碰撞，发生一般的核反应，从而产生新的一代粒子……这一代一代的新粒子，随着能量逐渐减弱，延续反应也就会自然中止，最后仍然逃脱不了被大气吞噬的命运。

那些能量相当高的宇宙线粒子，进入大气层以后，发生的情况与前面的情况截然不同。这些粒子与空气中原子核相碰撞时，不仅把原子核击碎，释放出核子，而且还会产生一些能量很高的新粒子，其中包括π^-、π^+、π^0等介子，还有一些短寿命的粒子。这一过程犹如一颗小型炸弹爆炸一样，产生的许许多多的碎片飞向四面八方。这种现象被称为“星裂”，也被称为“核簇射”。

被击碎的原子核像恒星爆炸吗

在这种“爆炸”过程中，往往产生一些能量依然相当高的粒子，它们与其他原子核相互作用时，同样会引发新的“爆炸”，产生新的核簇射。那些没有发生碰撞的粒子，飞行一段时间之后，会自行衰变为其他的粒子，了结自己的一生。有些正如我们在前面讲过的，如π^-、π^+、μ^-、μ^+的衰变。

最引人注目的莫过于来自宇宙间且有着巨大能量的电子和γ光子了，当它们进入大气层以后，会产生异常壮观的图景。

当电子途经原子核的近旁时，由于受到电磁力的作用，运动的方向会发生改变，这时，它们便会以γ光子的形式不断地向外辐射能量；那些高能量的光子在飞行中遇到了其他原子核时，会产生电子与正电子对。新出现的正负电子对再与原子核相互作用时，又有新的γ光子产生，随之它们又可能转变成电子对。只要电子的能量足够大，这种相互作用和相互转化就将持续相当长的时间。这样，经过一代又一代的“繁衍”，产生出子子孙孙的“后代”，而且每一代的粒子都是成倍地增长，形成一个逐渐膨胀的，由γ光子、电子和正电子组成的庞大的粒子群体。一个能量超过10^{15}电子伏的电子，照此延续的结果，将会有数以百万计的γ光子和正、负电子的产生，形成一幅非常壮丽的景观，这就是簇射现象。

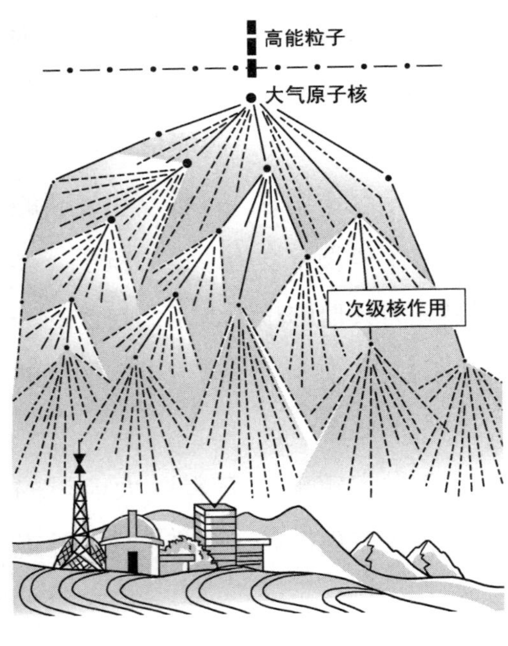

壮丽的粒子簇射

由于大气中原子核非常稀疏，高能量的电子和γ光子在飞行中，与原子核相遇的机会是很难得的。因此，“繁衍”一代粒子穿过的路径大约需要300米。这样，要想在比较短的距离内，观察到簇射现象是不可能的。为此，人们在电子和光子前进的路上，设置一些原子核密度比较大的障碍物，比如，一定厚度的铅板，那些高能量的电子和γ光子与原子核相碰撞的机会就会大大增加。在厚铅板中，每经过5毫米的距离就会产生一代新粒子，只要它们穿过几厘米的路程，就会有十几代粒子产生，人们能够在很小的范围内，清晰地观测到奇妙的簇射情景。

星裂和簇射现象是高能量宇宙线引发的壮观画卷，通过对这些壮观画卷的研究，人们可以对宇宙线在大气中的演变情况进行深入的探索，这对于揭示宇宙线的奥秘是非常有益的。

● 发自“天蝎座”的射线源

谈到X射线，大家已不会陌生了。有关X射线的一些情况在前面我们已经谈了一些。接下来我们所要谈的X射线，不是产生于实验室，或者出自X光机，而是存在于宇宙间的X射线。这种X射线是30多年前，在一次实验时被意外发现的。

1962年，一位名叫罗斯的科学家把一台X射线探测器送到大气的上层，目的是想探测月球表面，由太阳光引起的X射线发射问题。在这次实验中，罗斯意外地得到了一个重要的收获。他发现，位于太阳系以外的天蝎星座是一个X射线源，它能够辐射出极强的X射线。这是人们在宇宙发现的来自太阳系以外的第一个能够辐射X射线的星体，被叫作“天蝎座X-1”。这种X射线星体与其他一些恒星相比，有着很特殊的性质。它不是像太阳光那样以普通光子的形式，向外发光放热，而是以X射线的方式，向周围空间释放出巨大的能量。“天蝎座X-1”的亮度很微弱，通常用天文望远镜是难以观察到的，但是，它向外辐射的X射线却异常强大，很容易用仪器探测到。这一点与太阳相比有显著的差别。我们知道，太阳在发光发热的同时，也有X射线被辐射出来，但是，太阳辐射出的X射线仅占总辐射的1%，又有厚厚的大气层作屏蔽，这些X射线对人类不会产生什么伤害。然而，“天蝎座X-1”情况就大不相同了，它所辐射的X射线的功率，比太阳发出的总功率还要大1000～10 000倍。也就是说，“天蝎座X-1”产生的X射线强度要比太阳产生的X射线强度大十几亿～100万亿倍。幸好这颗天体距离地球十分遥远，因此对我们人类不会构成威胁。

除了“天蝎座X-1”之外，宇宙间是否还存在其他的X射线源呢？随着航空航天技术的飞速发展，人类已经把一颗颗探测卫星送入了太空，在几百千米到几千千米的高空，常年累月地巡查搜索。至今，科学家们已发现了几百个X射线源，其中有些X射线源发射X射线的区域是很小的，而有些X射线源是弥散在宇宙间的一个范围的，人们无法确定相应的星体是谁。

宇宙间X射线的发现，引起了科学家们极大的兴趣。这是因为人们通过对来自宇宙的X射线的研究，可以更加深入地探索宇宙的奥秘，并进一步了解这一类星体的性质。那么，X射线源是一类什么样的星体呢？它为什么能够辐射出如此巨大的能量呢？太阳是恒星，“天蝎座X-1”也是恒星，它们之间的区别是什么呢？太阳内部通过质子的聚变释放大量的光和热，这为人类生存创造了适宜的环境。那么，X射线源又是怎么一回事呢？对于这些问题的回答，科学家们目前尚无统一的认识。有的科学家认为X射线源位于银河系内，这是离太阳系最近的庞大星系辐射的X射线。X射线源是银河系中一些高密度的天体，它们凭借着强大的吸引力，将周围邻近星体中的物质吸收过来，这些物质在强引力场的作用下，获得了巨大的加速度，使得它们的温度可以高达10亿摄氏度以上。当这些物体与星体相互作用时，它们的运动速度急剧改变，于是便向外辐射出高能量的X射线。

另外，有些科学家推测，一些X射线源的核心部分，很可能是一个“黑洞”。所谓黑洞并不是黑乎乎的大深洞，而是一种特殊的天体。这种天体的密度异常的大，每立方厘米高达10^{17}～10^{18}克。这样高的密度究竟有多

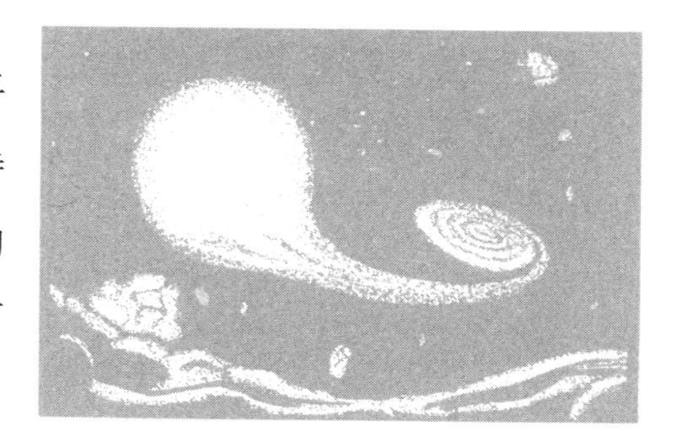

神秘莫测的宇宙黑洞

大呢？打个比方，喜马拉雅山是世界著名的大山，当我们将它装入到一个小小的火柴盒里，这时火柴盒的密度就可以达到黑洞的密度。因此，黑洞具有极其强大的吸引力，物体一旦被它吸引住，就好像掉进一个“无底洞”，永远也别想再跑出来。这种天体就连小小的光子也不放过。由于光子只能被它“吞噬”，发射不出来，人们自然无法看到它，为此科学家们赋予这种天体以“黑洞”的美称。

● 壮丽的γ射线大爆发

大家对γ射线已经比较熟悉了，它实际上是高能的光子流。γ射线爆发是科学家们在20世纪60年代探测到的又一种壮观的宇宙景象。它是宇宙线中高能量的γ射线在极短的时间内突发性的大爆发过程，简称“γ射线爆”。这种爆发过程可以分为两个阶段：上升阶段与衰减阶段。爆发上升阶段的时间非常短，大约是0.2秒；然后逐渐减弱，总持续时间也不过几秒钟。当发生γ射线爆时，伴随着巨大能量的释放。一次γ射线爆发，辐射出来的γ射线总能量相当于10^{20}吨TNT炸药爆炸时释放出来的能量，这是一个非常巨大的数字。

最早发现γ射线爆的是美国设置在高空的“维拉”卫星。在1969年7月至1972年7月的3年中，4颗“维拉”系列卫星一共记录到16次γ射线爆。这些γ射线大爆发经历的时间长短不一，最短的只有几分之一秒，瞬间便消失了，而有的持续时间比较长，达几秒至几十秒。

1973年，科学家们记录到比较强的一次γ射线爆。这是一次异乎寻常的γ射线大爆发，它每秒钟向外喷发的能量，相当于太阳每秒钟辐射能量的1000万倍，而喷发能量的面积却只有太阳表面面积的百万分之一。这是人类发现γ射线爆以来非常强烈的一次，但还不是最强的。截至目前，人们观测到最强的γ射线大爆发发生在1979年的3月5日。分布在太阳系中的9颗人造探测器，同时记录到了这次发生在大麦哲伦云的超级γ射线爆，尽管这次爆发的时间仅仅持续了0.12秒钟，但释放出来的能量，比1973年那一次要大10 000倍；比太阳3000年中所辐射出来的能量还要多。这一事件在天文学界、物理学界，乃至整个科学界引起了极大的震憾，它吸引了众多的科学工作者开始关注和研究宇宙线中这一神奇的现象。

随着探测技术的进步，科学家们每年都会记录到大量的强弱不等的γ射线爆。美国康普顿γ射线探测器，自1991年进入太空后的5年中，探测到1700多次来源不同的γ射线爆。

这些γ射线爆到底来自何方呢？我们知道，γ射线是高能量的光子流，它以每秒钟30万千米的速度在空间传播。卫星中探测仪器记录到的γ射线爆的精确度，可以达到百分之几秒，因此卫星记录结果是可靠的。依据卫星所在的位置，以及记录的数据，人们断定：强辐射的γ射线爆不是来自太阳，而是发生于遥远的太空。

关于γ射线爆的发源地距离地球究竟有多远，科学家们有两种不同的看法。一种观点认为，γ射线爆来自距离地球比较近的银河系，通常称为近处起源；另一种观点则认为，γ射线爆起源于距离地球足够远的宇宙中。两种看法都有自己的依据，也都能够解释一些现象。究竟哪一种观点更接近于实际情况，还有待于科学家们今后深入的研究。

γ射线爆是怎样产生的呢？这也是人们感兴趣的问题。通过对1991～1995年探测到的1000多次γ射线爆的记录数据分析，人们发现，从来没有在同一个方向上观察到两次或两次以上的γ射线爆。这就是说，不论γ射线爆起源于银河系内，还是来自银河系之外更远的星系，同一个方向上只能出现一次γ射线爆。按照γ射线爆的这种特点，科学家们提出了一些γ射线爆产生的理论模型。

20世纪70年代末期，美国的纽曼等人在彗星碰撞理论的基础上，提出“小行星碰撞假说”，这是一种具有代表性的模型理论。一颗像太阳那样的恒星，演化到后期时就会变成一颗超新星，最后这颗恒星坍缩为一颗密度非常大的中子星。当中子星周围的小行星在强大的引力作用下与中子星发生碰撞，在剧烈的爆炸中，将释放出巨大的能量，形成γ射线爆。中子星经这一撞也从此消失。因此，在同一方向上就不可能再出现第二次γ射线爆了。

进入20世纪90年代以后，小行星碰撞理论模型遇到了严峻的挑战。事情是这样的：1996年10月17日，康普顿γ射线探测卫星记录到一次持续时间长达100秒钟的γ射线爆。时隔15分钟以后，在同一个方向上又记录到一次γ射线爆，这次爆发时间只有0.9秒钟。过了两天，还是在这个方向上，又接连探测到两次γ射线爆：一次爆发的时间是30秒钟，另一次持续时间竟然长达750秒钟。这是康普顿γ射线探测器记录到的爆发时间最长的一次γ射线爆。

对于这样连续4次在同一方向上记录到的γ射线爆，运用小行星碰撞理论进行解释显然是行不通的。于是，科学家们众说不一。依据碰撞爆炸理论，这几次γ射线爆应当来自不同的源头，即不同的碰撞过程。它们重复出现在同一个方向，纯属于偶然的巧合。这种情况往往是由于某个星体，经过一次撞击后并没有消亡，而是经过第二次、第三次碰撞后才消失的。当然，这种可能性实在是太小了。

也有人指出，这四次接连发生的γ射线爆中，至少应有两次是来自同一个射线源。如果这种看法成立的话，那么，小行星碰撞引起中子星爆炸理论也将面临着新的难题。

γ射线爆的发现与探索，对于揭示天体和宇宙的秘密，探索星系的起源和演化等具有重要意义。因此，自20世纪70年代以来，这一领域的研究一直方兴未艾。我们深信，经过科学家们的不断努力和深入研究，γ射线爆之谜终将被揭开。

浩瀚宇宙，繁星似锦，天象横生，色彩斑斓。这幅壮丽的图画所发出的诱人光辉，一直吸引着人们神秘的遐想和深深的思索。从宇宙线的发现到今天，才只有短短的几十年的历史，然而人类在这个新开拓的科学领域却已取得累累硕果。人们不仅对宇宙线的组成、特性，以及穿过大气层发生的变化等问题有了比较清楚的认识，而且通过宇宙线的研究还极大地丰富了高能物理学、天体物理学和相关学科的研究内容，为它们提供了许多有价值的实验资料。借助于宇宙线这个“纽带”，科学家们把人类对极大的宇观世界和极小的微观世界的探索紧密地结合在一起，极大地丰富了人类对物质世界的认识。

在过去的几十年中，宇宙线的研究为现代科学的建立与发展发挥了重要的作用，立下了汗马功劳。但它的作用还远没有结束，随着探测仪器和探测手段的不断更新和完善，在今后的岁月中，宇宙线研究的前景会更加迷人，它必将为发展现代科学技术再创辉煌。

● 天才的假设

在多年的对天然放射性研究中，科学家们遇到了一些令人困惑的问题：在 α 衰变和 γ 衰变的过程中，释放出来的 α 粒子和高能量的光子，它们的能量数值不是连续变化的，而只能取一些分立的数值。这些可能的数值刚好等于原子核衰变前与衰变后两个状态的能量之差；可是在β衰变过程中，情况就完全不同了，所释放出的电子和正电子的能量都是连续变化的，能量最大值也刚好是原子核衰变前后的能量差，最小值为零。于是，人们自然会提出问题：电子或正电子的能量等于零，那么原子核衰变过程中，改变的能量到哪儿去了呢？难道在β衰变过程中，能量守恒定律不再适用了吗？我们大家都知道，能量守恒定律是自然界一条普遍的定律，自这条定律被发现以来，还没有发现任何有违背这条定律的现象。

α衰变和γ衰变与β衰变不同的实验结果，使当时的科学家们感到困惑不解。到了20世纪20年代，有些科学家甚至于对能量守恒定律产生了怀疑，认为它不再是自然界一条普遍适用的规律了；也有人认为，能量守恒定律至少是在β衰变中不再适用了；更有甚者，主张废弃能量守恒定律。

正当能量守恒定律面临着严峻挑战的危难之时，奥地利一位年轻的科学家提出了解决问题的办法。这位科学家就是沃尔夫冈·泡利，他于1930年12月，在给一位从事放射性研究的朋友的信中，提出了令人耳目一新的建议：“……我偶然想到一个挽救守恒定律的非同寻常的办法……这就是可能有一种电中性的粒子存在……假定在β衰变过程中，这种粒子与电子一同放出，这两个粒子的能量之和保持不变，那么，β能谱就变得可以理解了。”泡利还进一步指出，由于这种粒子与物质之间的相互作用非常弱，以至于在实验中很难进行探测。

从泡利的建议不难看出，原子核在β衰变过程中，由于有电子（或正电子）与中性粒子同时出现，原子核衰变前后的能量差，在两个粒子之间进行分配，电子能量多一些，中性粒子的能量就少一些；或者相反。中性粒子的出现使得β衰变中能量连续分布问题迎刃而解，能量守恒定律“化险为夷”。因此，人们称赞泡利的建议是一个“天才的假设”。

泡利假设提出以后，引起了物理学界的普遍关注，许多科学家对这种新粒子开始进行研究。由于这种粒子质量几乎为零，又是中性的，为了与构成原子核的中子相区别，意大利著名的科学家恩里科·费米给这个中性粒子起名为“中微子”。

在泡利的中微子假设的基础上，费米建立了原子核β衰变的新理论。他明确指出：原子核在β衰变过程中，可以看成是原子核中的一个质子，放出一个正电子后变成了中子，与此同时，有一个中微子放射出来；或者原子核中的一个中子，放出一个电子后变成了质子，同时放出一个中微子。由此不难看出，原子核β衰变的过程就是原子核内质子与中子相互转化的过程。这样，费米理论对于人们深入认识原子核衰变的奥秘有着十分重要的指导意义。

从中微子提出到现在，已有70多年的历史了。在这几十年间，人们通过大量的实验研究间接地和直接地证明了中微子的存在。中微子是一种非常稳定的粒子，它充满了自然界，也弥漫于宇宙中，它是宇宙线大家族中重要的成员。

目前，人们已经认识到的中微子有3种类型。伴随电子而产生的中微子叫作电子型的中微子，写作 ν_e；如果在核反应过程中，有μ轻子产生，那么相伴随产生的中微子叫作μ子型的中微子，写作 ν_μ；还有一种轻子被称为τ轻子，它是轻子中最重的一个，伴随它的产生而出现的中微子叫作τ子型的中微子，写作 ν_τ。每一种中微子都有它的反粒子，共计3种。因此，如今人们认识到的中微子和反中微子共6种。

● 神通广大的“不倦行者”

小小的中微子在宇宙中扮演着非常重要的角色。

大家知道，太阳每时每刻在向周围空间释放着巨大的能量。这些能量来源于太阳内部剧烈的核聚变。在太阳内部高温、高压的条件下，每4个氢原子核（即质子），经过一系列的热核聚变反应后，生成1个氦原子核，同时放出2个正电子和2个中微子。在这个过程中，氢原子核的质量有6.71％转变为能量释放出来。地球是距太阳比较近的一颗行星，从太阳那里可以获得大量的能量。根据科学家们的计算可知，与太阳光垂直的地球表面，每秒钟每平方厘米可以吸收的太阳能量达7.12焦。依此可以推知，太阳每秒钟辐射出的能量达 3.78×10^{26} 焦，这其中有3.6×10^{38}个氢原子核被消耗了。在氢原子核发生聚变时，每秒钟产生的中微子数达到1.8×10^{38}个。地球与太阳之间的距离约为1.4亿千米，不难算出，地球表面每秒钟每平方厘米可以接收到来自太阳的中微子数是6.6×10^{10}个。浩瀚的太空，像太阳这样的恒星不计其数，每颗恒星都是一个庞大的中微子源。可见宇宙间充满着大量的中微子。

科学家们通过几十年对中微子的研究，找到了一条探索宇宙、认识天体的重要途径。众所周知，太阳和人类之间有着密切的关系，它给人类带来了温暖和光明，为人类提供了取之不尽、用之不竭的能源。没有太阳也就没有人类，因此，认识和掌握太阳的运动规律，对于人类的生存与发展至关重要。然而，太阳距离地球那么遥远，太阳表面的温度又高达6000多摄氏度，任何探测装置都无法接近它。这样，人们只能通过观测太阳发射出的各种不同能量的光子和中微子，来认识与了解太阳运动的情况。

光子具有很强的穿透能力，因此很容易穿过星际空间，飞向四面八方。然而，在太阳的内部，情况就不同了。那些高温、高压、高质量的物质阻碍着光子，它的运动真是举步维艰。由于光子在前进中不断与粒子碰撞，运动方向不断改变，光子从太阳的中心部分跑到太阳的表面，大约需要经历1000万年的时间。因此，通过光子人们只能认识太阳表面的情况，对于太阳内部，人们还无法了解到。

然而，中微子的存在正好为我们提供了一种认识太阳的工具。太阳内部核反应中产生的大量中微子，具有极强的穿透本领。它从地球一侧进入，从另一侧穿出可以说不费吹灰之力。中微子从太阳中心部分到达太阳的表面也不过几秒钟，人们借助中微子可以了解太阳内部许多重要信息。

另外，就人类目前所能观测到的范围内，像银河系这样的星系已多达10亿个。这些星系的存在有一个共同的特征，就是它们往往聚结成团，像人们已经认识的双星系、多重星系、星系团等。组成这些星系团的每个星系，它们都以各自不同的速度朝着不同的方向运动。如果它们之间不存在着强大的吸引力，久而久之必然会离散开。可时至今日它们并没有分散开，依旧相依共存。科学家们通过计算发现，将组成星系团的各个星系的质量加在一起，不足以产生这样巨大的吸引力。那么缺少的那部分质量来自什么地方呢？为此科学家们指出，只要中微子的质量不为零，哪怕只有相当于几个电子的质量，由于中微子数量非常可观，它们的质量之和还是非常巨大的。如果加上这些质量，这个难题便很容易得到解决了。

长期以来，人们观测到的宇宙在不断地向外膨胀着。离地球最遥远的星系或者一些星体，它们以惊人的速度远离我们而去，其离去的速度高达每秒27万千米，相当于光速的90%。整个宇宙能够这样无休止地膨胀下去吗？这是科学家们一直在思考的问题。

对此的回答，始终存在着两种截然不同的看法。一些人认为，宇宙是“开放式”的，它将无限制地膨胀下去，宇宙是无边际的。也有人则认为宇宙是“封闭式”的，宇宙经历着膨胀→收缩→再膨胀→再收缩……这样反复交替地变化过程，也就是说，宇宙所经历的是一种振荡着的过程。

怎样检验这两种看法哪一种更符合实际呢？如果宇宙是开放的，由于宇宙空间不断扩大，那么宇宙间物质的平均密度就会变小；反过来，由于宇宙空间不断缩小，物质的平均密度就会变大。

可见，宇宙存在的形式，与宇宙中物质的平均密度有着重要的关系。经过长期的研究，科学家们大致得到宇宙物质平均密度为10^{-29}克／厘米^3。若以此为标准，当宇宙中物质的平均密度大于这个数值，宇宙一定是封闭式的；否则，便是开放式的。

目前，科学家们推算出的宇宙中物质密度的平均值为10^{-31}~10^{-32}克／厘米^3，这相当于标准值的1／10~1／100。这里没有考虑中微子的贡献。如果中微子的质量不等于零，将充满宇宙间的中微子的质量加进去，那么计算出的密度平均值要比10^{-31}~10^{-32}克／厘米^{3}大得多。在这种情况下，宇宙的变化将是一种振荡式的。

凡此种种，均表明中微子的大量存在，说明中微子在宇宙中扮演着重要的角色。因此，许多国家建立了重点实验室和先进的探测装置开展这一领域的研究工作。特别是对中微子质量的测定，是当今粒子物理学一个重要的前沿课题，也是世界各国著名实验室和专家们研究的热点。

如今，许多测量的结果迹象显示，中微子的质量极小，但不为零。若果真如此，许多学科将面临着新的挑战，人们正密切注视着这一问题研究的进展情况。

由于中微子质量极小，近乎为零，它与物质的相互作用甚微，因此穿行于物质中如入无人之境。在一般物质中，中微子与粒子连续碰撞两次，中间平均通过的路程可达10^{18}千米，相当于1000亿个地球的距离。可见中微子的穿透本领远远胜过X射线和γ射线。

中微子在宇宙中，真是个子虽小却神通广大的“不倦行者”。不仅如此，在许多技术领域它也身手不凡。中微子通信作为一种崭新的现代通信技术，已步入了社会的舞台，引起了人们极大的兴趣。

中微子以接近光速运动，一般不反射、不折射、也不散射，而是直线前进，出没于宇宙荒原之中。这样，人们可以利用中微子在地球两端建立直接的信号联系，实行全球范围内的通信联络。

利用中微子通信，远远优于无线电微波通信和卫星通信。它有良好的抗干扰性能，并有极好的保密性能，因此在军事领域受到了特别的青睐。它可以广泛应用于航天通信、地下通信、水下通信和全球通信等。在未来的人类通信史册中，中微子将作为一颗璀璨的明星，在通信领域放出耀眼的光芒。

宇宙中的射线来自各种情况下的核反应和核变化过程。人们对宇宙射线的探测与研究，是人类了解宇宙、认识星空、探索它们的起源和演化的重要途径。自宇宙射线发现以来，至今已整整一个世纪了。在这百年间，人类对宇宙射线的研究不断深入、不断发展，取得了累累硕果，它使人类对宇宙的过去、现在和未来有了比较清晰的认识。

多少年来，人类进入太空、登上月球仅仅是一种美好的梦想，而如今却变成了现实。由于探测技术的不断改进和完善，先进的探测装置相继问世，人类将不断地揭示宇宙之谜，神秘的宇宙必将进一步呈现在人们的面前。

六、寻找射线的秘密武器

通过前面的介绍，我们已经了解到，在自然界、在宇宙间，存在着大量各种各样的射线。它们看不见、摸不着，但是，它们与人类的生存与发展有着密切的关系。为了认识它们、了解它们，人们根据射线与其他一些物质相互作用产生的效应，研制出了各种类型的射线探测装置，用来捕捉和获取它们的信息，这些射线探测装置称为“探测器”。下面，我们就来了解一下这方面的情况。

● 两种探测器

探测仪器种类繁多，功能齐全。按照它们的作用，粒子探测装置可分为两类。一类属于“计数器”，这类探测器专门用来记录射线粒子的数目，从而为定量的分析研究工作提供可靠的数据。这种探测器具有确定的空间，灵敏度比较高，具有很强的时间分辨本领，可以对大量的粒子进行统计测量。这是因为探测器充有气体、液体或固体等灵敏物质，当带电粒子穿过这种灵敏的空间时，计数器就会产生一个短暂的电脉冲。因此，实验人员就可以利用电子技术记录下这个脉冲，为此人们称这种探测装置为计数器。

还有一类探测器用来显示粒子运动的径迹，它可以清楚地显示出粒子运动的路线，所以人们叫它“径迹探测器”。科学家们通常利用照相的办法记录下粒子的径迹。一个粒子与照相胶片或单块照相乳胶的若干感光胶粒反应，再将这张胶片或乳胶块显影，就可以显示出粒子的行径。径迹探测器为人们观测、记录各种粒子的行为提供了有利的条件，对于单个粒子或原子核反应的研究是非常有益的。

早期计数器记录粒子的信息比较简单，所记录下的信息很有限。现代计数器的计数速度极高，因此可以记录到小于10微秒的时间内的事件。一个体积约为30升的现代径迹检测器可以记录一个粒子通过时的情况，它的每个点产生的误差约为几个微米。相比较而言，计数器与径迹探测器都有各自的特点，实验人员大都根据具体的情况，设计或改进不同的探测技术。

探测技术是实验物理学的重要组成部分，尤其在高能物理学和天体物理学实验中发挥着更加重要的作用。随着科学技术的不断发展，探测技术也将日臻完善。

灵巧的盖革计数器

盖革计数器是一种构造比较简单、使用起来很方便的一种计数器。利用这种计数器可对带电粒子进行测量，其性能稳定、效率高、便于携带，因此颇受广大科技工作者的欢迎。

盖革是德国人，24岁时获得博士学位。后来他到英国留学时，当上了著名科学家卢瑟福的得力助手。他曾协助卢瑟福进行α粒子散射实验，对原子结构的研究做出了重要贡献。当第一次世界大战爆发后，盖革回国，并参加了炮兵部队。此后，他一直在大学从事教学与研究工作。

1928年，盖革发明了一种新型的计数管，这种新式计数管大大增加了探测γ射线的能力，这就是盖革计数管，或

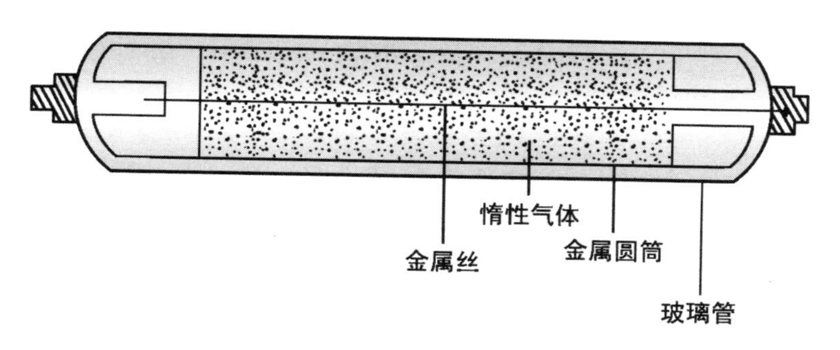

盖革计数器

称盖革计数器。由于盖革与卢瑟福之间保持着友好的师生关系，他将制作的两支新计数管送给了卢瑟福。

盖革计数器的主要部分是计数器。它是在一个密闭的圆筒中，装着两个电极。为了使用方便，通常将管壁当作阴极。也有的计数管是用玻璃制成的，里面有一个导电的圆筒作为阴极。有的计数管将金属直接涂在玻璃管的内壁上，用来当作计数器的阴极。不论哪一种形式的计数管，在管的轴心都装有一根细的钨丝，作为计数管的阳极。

在计数管中，一般装有少量的惰性气体和其他一些多原子分子的蒸气。例如，压强为140万帕的圆筒中，一般充入90%的氩气和10%的酒精或溴气。为了使一些穿透本领比较小的射线也能够进入管中，有的计数管还在圆筒的一端加上一个薄的云母窗。

计数管的两极之间，加上800～1500伏的直流电压，这个电压数值略低于管中气体被击穿时所需要的电压值。当带电粒子进入计数管时，与管内气体分子相碰，使气体分子电离，这一过程叫作“初级电离”。

电离出的电子向中心丝（阳极）运动中，被电场加速，使其能量逐渐增加。当电子的能量达到一定数值时，又与其他气体分子相撞，产生新的电离，称为“次级电离”，于是产生许多次级电子。在众多新旧电子的共同作用之下，将会有大量的分子电离。这种连锁式反应，常常被称为“雪崩”式电离，并伴随有大量的光子产生。由于这些光子的能量比较大，其中绝大部分能量被管中多原子分子吸收，这些多原子分子同时就会释放出电子来。这种在光子作用下产生的电子叫作光电子。在光电子作用下又会引发新的电离。

由此可见，当一个带电粒子进入计数管以后，瞬间就会产生大量电子和阳离子。当它们分别涌向中心丝和阴极板时，计数器便会发生一次短暂的放电，从而产生一个比较大的电信号，并在电子电路中获得一个电脉冲，运用电子设备将这个电脉冲记录下来，人们就可以直接观测到。

每当带电粒子进入计数管就会产生一个电脉冲，于是人们依据记录到的电脉冲数目，即可确定进入管中的粒子个数。由于这种计数器灵敏度高、使用方便、体积又小，早已被广泛采用。

● 速度惊人的闪烁计数器

科学家们在对原子结构的早期研究中，闪烁方法曾发挥过重要的作用。20世纪初，卢瑟福在进行α粒子散射实验时发现，α粒子通过金箔发生散射后，打在闪烁材料制作的光屏上，就可引起闪烁。于是卢瑟福等人就借助放大镜或显微镜，在暗室中用肉眼观测闪烁次数来计数。这种方法现在看上去极为原始，但却被科学家们使用了四分之一个世纪，它在早期原子结构的探索中起过很大的作用。

到了20世纪30年代，由于盖革计算器得到了极大的改进，气体放电计数管技术获得很大发展，随之取代了目测闪烁方法，以至于目测闪烁法成了一个历史名词，并被人们搁置了15年之久。

然而，到了20世纪40年代，闪烁方法又被人们重新提起。这首先得益于光电倍增管技术的发展。在第二次世界大战期间，由于战争的需求，光电倍增管被用于噪声发生器，以达到对雷达实施干扰的目的。这大大刺激了光电倍增管的大量生产与应用。但战争一结束，光电倍增管的用量也就大大减少了，因此，就造成光电倍增管的大量积压。

虽然光电倍增管一时“失宠”了，然而科学家们却看上了这种光电器件，科学家们发现它对一些弱光表现出了很大的灵敏性，将它与硫化锌闪烁体一起使用，就构成了一种新型的探测装置。就这样，这种新的探测装置又使闪烁方法“复活”了，它又成了研究原子核物理学的重要实验手段。

闪烁计数器比盖革计数器要复杂一些，它是由两部分组成的。它的上半部分是涂有荧光物质的圆筒，进入管中的粒子，打在荧光物质上就会发出闪光，这有利于科学家们的观察。

它的下半部分是一个密封的圆筒，筒内安装有10～12个阴极板。在闪烁计数器中，它是人们观察荧光的眼睛，名叫“光电倍增管”。

闪烁计数器记数的方法与盖革计数器不同。一旦有粒

观察荧光的眼睛——光电倍增管

子射入闪烁计数器中，打到荧光物质上产生荧光。这荧光照射到光电倍增管的阴极板上，就会有光电子释放出来。这些光电子在电场中被加速，获得一定能量后，紧接着又打在下一个相邻的阴极板上，又有新的电子产生。由于光电倍增管中有多个电极，在电子连续作用下，瞬间就会产生众多的电子，光电倍增管的作用正在于此。于是向外电路输出一个很强的电讯号，电子设备立刻记录下来。依照记录到的电脉冲的数目，人们便很容易确认进入计数器的电子数目。

闪烁计数器具有很高的分辨本领，粒子与粒子之间的间隔，可以记录到10^{-9}秒，可见这种计数器记录的速度是惊人的。使用闪烁计数器不但能够记录粒子的数目，而且还可以根据电脉冲的强弱，分析粒子的性质，测定入射粒子的能量。如果这种计数器与其他一些探测仪器配合使用，在许多实验中它可以得到广泛的应用。

● 霍夫斯塔特的新方法

在发展新型闪烁方法的过程中，美国科学家罗伯特·霍夫斯塔特做出了重要的贡献。霍夫斯塔特于1935年大学毕业，毕业后又考取普林斯顿大学的研究生，获取博士学位后，霍夫斯塔特曾在通用电气公司短期工作。1950年他来到斯坦福大学，参加了大型直线加速器的研究工作，并且一直研究粒子物理学。

在通用电气公司期间，他的同事正在从事碘化钾的研究工作，霍夫斯塔特也对固体发光的研究发生了兴趣。第二次世界大战之后，他回到普林斯顿大学工作，开始研究氯化银和卤化铊。他试图将这些材料用作核物理学研究上的探测材料。然而遗憾的是，他的研究在开始时并没有什么进展，到1947年，研究工作才出现转机，因为这时一些德国科学家对闪烁物质的研究取得了很大的进展。

德国科学家借助樟脑丸作闪烁材料，并将它放在光电倍增管之前，利用这个简单的装置，他们探测到了γ射线的径迹。而在此之前，γ射线的探测技术一直没有什么进展，因此探测γ射线一直是一个较难解决的问题。当时一些美国实验室也开始利用这种新型探测装置，有些美国科学家还进行了改进，用蒽来代替萘（即樟脑），这种新材料的探测性能更好。但是科学家们也发现，无论是萘还是蒽，虽然在探测γ射线上比起盖革计数器要好很多，可还是不够理想。

这时霍夫斯塔特决心找到更好的闪烁材料，并且想起了十年前接触到的含铊的碘化钾。这种材料具有发光的性能，而且他手边就有这种样品。拿来一试，碘化钾所具有的闪烁性能，比萘和蒽好不了多少，但它在对γ射线的阻止上要好得多。

霍夫斯塔特还将研究做了一些拓展，他开始用碘化钠做实验，并且与萘和蒽以及碘化钾、氯化钠、溴化钾和钨酸钙等样品进行了对比，发现碘化钠的性能最好。接着他将碘化钠与光电倍增管组合起来使用，实验的结果非常好。

然而，当他的研究成果公布几个月之后，才引起了一位闪烁计数器专家的注意，即使这位专家，也是抱着怀疑的态度来找霍夫斯塔特的。但是，霍夫斯塔特并不理会这些，他继续研制体积更大的闪烁材料，不过在应用时却出了问题。为什么用这种闪烁材料做成小型探测器的效果很好，制成的大型探测器就不行呢？后来他发现这是由于碘化钠易潮解所引起的。

到了1948年末，霍夫斯塔特开始与他的一位学生合作研究，并且收到了非常好的效果。他们首次制成了性能良好的γ射线能谱仪。这样，闪烁方法又被重新应用，甚至被应用得更加广泛了。1957年，在美国工作的中国物理学家吴健雄对宇称不守恒现象的验证，就曾使用了蒽晶体探测β粒子，用碘化钠接收发射出的γ射线。

除了在核物理、高能物理、固体物理和天体物理上的大量应用之外，碘化钠的应用还扩展到了许多研究领域和生产部门，如化学、生物、医疗、核能、放射性示踪技术、地质、铀矿勘探、食品研究、石油探井、气象学、考古学和人类学等。

由于霍夫斯塔特和许多科学技术人员的努力，碘化钠的晶体制作得越来越好，各种性能也不断得到改善。除了碘化钠的研究，霍夫斯塔特在原子核的研究上也取得了很大的成绩，并且因此获得了1961年度的诺贝尔物理学奖。

● 威尔逊云室

在各种探测仪器中，云室是使用比较早的一种探测仪器。经过不断的改进和完善，云室在粒子探测中发挥了重要的作用。

说到云室，人们首先想到的是英国物理学家查尔斯·威尔逊。在威尔逊很小的时候，他的父亲便去世了。这时他的家就搬到了曼彻斯特，威尔逊的教育主要是在这里完成的。他先后学习了地质学、植物学和动物学，他还想过当医生。当转学到剑桥大学后，他对物理学和化学又产生了兴趣。

1894年暑假期间，威尔逊志愿到本尼维斯山气象站参加观测活动。本尼维斯山是英国的最高山峰，他在这里过得非常愉快。在清晨，威尔逊站在高山之巅欣赏着周围的美景，特别是山顶很容易形成的一种奇特的雾景——云雾效应，这使他对云雾的形成机制发生了浓厚的兴趣。他想，能不能在实验室里复现这种奇特的景观呢？

所谓云就是一种细小的水滴——雾，它是由空气中的尘埃粒子所形成的。在实验室中，威尔逊使潮湿的空气在密闭的容器中膨胀。由于与外界隔绝，在膨胀时空气的温度降低了，因此部分湿气（小水滴）就凝聚成雾或云。若威尔逊充入的是无尘埃的空气，云就不能形成了。所以，人们也把这种尘埃称为“凝聚核”。

至于无尘的潮湿空气，在膨胀和冷却的过程中保持过饱和状态，当达到一种临界状态时，云才能形成。因此威尔逊想，在无尘的空气中，只有离子才能在周围凝聚成小水滴。这些带电的离子起着凝聚核的作用，普通的中性分子则不具有这种凝聚的作用。

在威尔逊进行云的研究时，德国科学家伦琴发现了X射线，不久法国科学家贝克勒尔又发现了铀的放射性。威尔逊想，这些射线可以在空气中产生电离效应，带电离子在无尘的湿气中能不能产生云雾的效应呢？他一试，X射线果然在潮湿的空气中出现了浓密的云雾。就这样，威尔逊关于带电离子可以充当凝聚核的观点得到了证明。

威尔逊的初步成功使他坚定了信心，他要研制成一种能

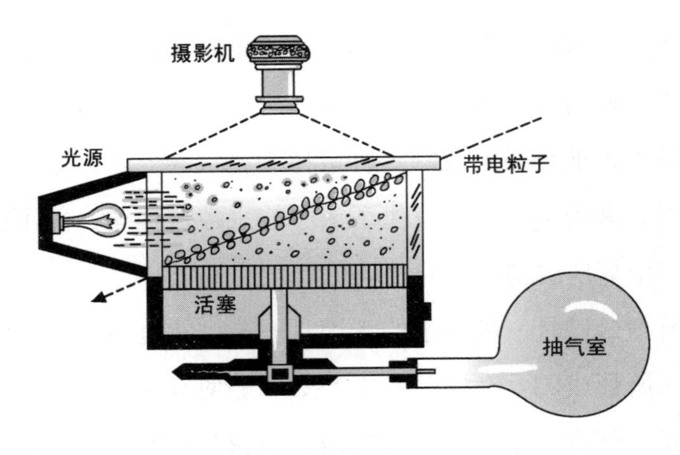

威尔逊云室

观测带电粒子的云雾装置。大约经过了十年的实验与改进，他终于研制成功了这样的装置。带电粒子在高速行进时，借助他的这种装置就可以观测到粒子的踪迹。这是由于这种高速行进的粒子不会造成大片的云雾，而是只形成一串小水滴，这种小水滴恰到好处地显示出了粒子运动的轨迹。由于这是利用小水滴（云雾）显示粒子径迹的，所以人们就叫它“云雾室”或“云室”。又由于这是威尔逊发明的，所以它也被称为“威尔逊云室”。

就这样，威尔逊为人们发明了一种有效的研究原子结构的工具，威尔逊也因此获得了1927年度的诺贝尔物理学奖。

威尔逊云室的主要部分是一个用玻璃或塑料制成的圆柱形密闭容器。容器内装有能够上下移动的活塞，容器的上盖是透明的，用于观察云室内发生的现象和进行拍照。容器内充有清洁的空气或者其他的气体，同时加入少量的水与酒精或乙醚。

云室的工作原理并不复杂，使用起来也比较方便。云室处于工作状态时，首先将活塞迅速向下移动，在云室还没有来得及与外界交换热量的情况下，室内的气压突然降低，使得云室内混合蒸汽达到过饱和的状态。如果在这一瞬间，恰好有带电粒子闯入室内，与室内的气体分子发生碰撞，于是产生电离。这些离子成为过饱和蒸汽的凝聚核，这样，在粒子运动的路程上，就会形成一串雾迹。人们从云室上端的透明窗，可以直接观察到带电粒子的径迹，也可以用摄像机将带电粒子留下的踪迹记录下来。

假如进入云室的粒子是质量比较大的α粒子，这种粒子具有很强的电离本领，在1厘米的路程中，大约能够将10 000个分子电离。而α粒子在气体中运动时，又不容易改变方向，因此记录到的α粒子径迹粗而直。

若闯入的是β粒子，情况就不一样了。β粒子质量要比α粒子小得多，它与气体分子相互作用时，运动方向很容易改变；另外，β粒子电离的本领比α粒子差得多。这样，在云室中拍摄到的β粒子的径迹比较细，而且有时还会发生弯曲。

至于γ光子，它是中性的小粒子，电离能力微不足道。当光子通过云室时，只能记录到一些细碎的雾迹。

如果将云室放置在比较强的磁场中，进入到云室中的带电粒子在磁场的作用下，运动的方向就会发生改变。根据粒子在磁场中运动轨迹的粗细、长短和弯曲情况，人们能够从中获得有关粒子的许多信息，也可以分辨不同的带电粒子，还可能发现新的粒子。

● 初试“牛刀”

现在看来，云室的结构是很简单的，但自从1911年云室问世以来，它却是一件攻克现代科学堡垒的锐利武器。特别是在早期对基本粒子的研究中，云室更是不可或缺的。科学家们利用它曾发现过许多粒子，其中包括μ^-、μ^+、κ^0、Λ、Ξ^-等。在高能物理学和宇宙线的研究工作中，云室发挥着重要的作用。尤其是正电子的发现，云室发挥了重大的作用，具有重要的意义。

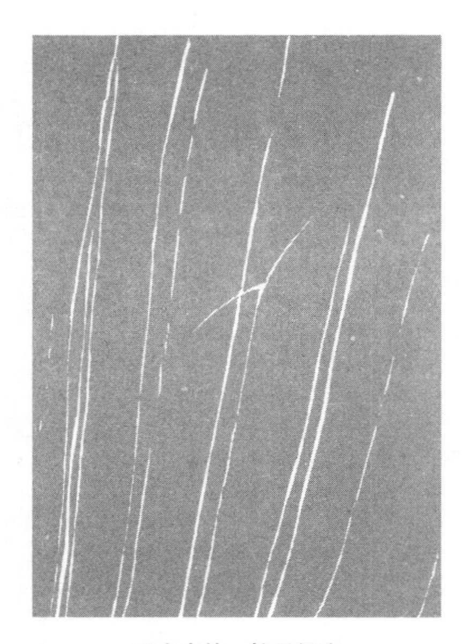

云室中的α粒子径迹

早在1928年，英国杰出的物理学家狄拉克就建立了相对论的波动方程，称为狄拉克方程。在方程的解中，有一个解的能量是正值，另一个是负值。与正能量解相对应的是人们熟悉的电子，那么与负能量解相对应的粒子又是什么呢？这个问题一时使人们感到困惑不解。为了回答这个问题，狄拉克大胆预言，在自然界中应当存在着带有正电荷的“电子”，由于它的电荷与电子相反，所以就叫它“反电子”。

几年后，美国一位名叫安德森的年轻物理学家发表了一篇文章，简要地报道了他在研究宇宙线时发现的一种新粒子。巧的是这正是狄拉克所预言的“反电子”。很快，这一消息传遍了全世界。安德森在实验中就使用了威尔逊云室。

1932年，安德森开始使用云室进行宇宙线的研究工作。他将云室放置在电磁铁的两极之间，接通电源，云室周围就建立起了很强的磁场，于是就构成了一台大型的“磁云室”。在利用这套装置拍摄到的照片中，他可以清楚地观测到带电粒子在磁场中运动的轨迹。其中有的向左偏转，有的向右偏转。显然，有的粒子带有负电荷，有的带有正电荷。在当时，人们已经认识到的带电粒子只有两种：一种是带有负电荷的电子；另一种是1919年发现的、带有一个单位正电荷的质子。

一次偶然的机会，安德森拍摄到一张非常奇妙的照片。按照片记录的粒子轨迹的长度和弯曲的程度分析，他们断定该粒子的质量和所带电荷的数值应与电子相当，但由偏转的方向不难看出，这种粒子所带电荷的性质却与电子刚好相反。安德森指出，新发现的粒子像是带正电的电子，因此就叫它“正电子”吧！其实，这就是几年前狄拉克预言的反电子。在以后的一些实验中，不断观察到正电子存在的事例。

目前，科学家们在实验中已经能够产生很强的正电子束供实验使用。

正电子的发现不仅证实了狄拉克理论的正确性，同时也为粒子家族增添了新的成员。正电子又是人们认识到的第一个反粒子，因而使人们对于物质世界的认识产生了一次飞跃。后来，人们又发现了众多的反粒子，其中最具代表性的是，1955年发现的反质子，1956年发现的反中子……如今，人们已经认识到，一切粒子都有它的反粒子。由反粒子构成的反物质世界，正越来越多地引起人们的关注。

安德森最先在宇宙线中发现了这个“不速之客”，他在荣获1936年度诺贝尔物理学奖时，年仅31岁，可谓风华正茂。后来他成为了一位著名的物理学家。

● 布莱克特的革新

威尔逊云室虽然可以清楚地再现粒子的径迹，比起盖革计数管有很大的优势，但盖革计数管的灵敏性却是威尔逊云室无法企及的。那么，能不能将这两者的优势结合在一起呢？最早进行这种尝试的是英国物理学家布莱克特。

在布莱克特生活的年代，到海军去服役是十分诱人的。13岁的布莱克特就进入了海军学校学习。毕业时正值第一次世界大战爆发，他就上了前线，并一直到大战的结束。由于有军功在身，布莱克特进入了剑桥大学去跟随卢瑟福学习。

在学习期间，除了学习必要的基础知识，布莱克特还迷上了威尔逊云室。也正是由于布莱克特的努力，这种新型装置获得了更加全面的应用。

当时，卢瑟福发现了元素嬗变的新现象。这种现象是用α粒子轰击氮，发现氮转变成了氧的一种同位素。卢瑟福的观察是通过屏幕上的闪烁现象而推断的。布莱克特认为，这个实验还需要更直接的证明，他要借助云室为卢瑟福的新发现提供更坚实的证明。

在20世纪20年代初，布莱克特开始了这一实验。他将氮气充入云室中，而后用α粒子轰击，这时的云室是周期性地膨胀，用起来比较麻烦。布莱克特拍摄了α粒子的径迹，并拍了2万多张照片，其中有40多万条α粒子径迹。这些径迹中有8万多条径迹显示出α粒子与氮分子发生了撞击，而在所撞击后发生的分叉径迹中可以证明卢瑟福关于元素嬗变的观点。

布莱克特的这些照片拍摄于1925年，给人们留下了深刻的印象。如果要推广威尔逊云室这种新技术的话，布莱克特的照片就是最有力的宣传了。不仅如此，云室还成了布莱克特研究宇宙射线和各种粒子的有力工具。

在使用云室时，除了云室的基本功能，人们还非常关心粒子进入云室的时间。这样的话，对粒子径迹的拍摄将更有针对性。否则，就要反复拍摄多次，而且还要不断地让云室膨胀、做准备。尽管如此频繁地做准备、不断地拍照片，这些照片中有用的还是不多。针对这个问题，布莱克特对云室进行了改进。

布莱克特将云室与盖革计数器组合起来使用。他把云室放在两个盖革计数器之间。当宇宙线粒子穿过两个计数器和云室时，两个计数器就会接收到相应的信号，如果这两个信号一样，则说明这个信号也穿过了云室，这时就让云室膨胀，再拍摄照片。由于这样的计数器接收到的后一个信号与前一个信号是“符合”的，因此，人们就将这样的盖革计数器叫作“符合计数器”。有了这样的新式云室就省事多了，可以不必再盲目拍摄了。过去往往拍摄几千张照片才能得到适宜的结果，而用新型云室只需拍几张照片就够了。由此可见，比起早期无目的地拍摄，新云室要经济得多了。

布莱克特也利用云室研究宇宙线，他也拍到了正电子的照片，但比安德森晚了几个月。后来，他进一步发现γ射线穿过铅板时有时会消失，并且同时产生一个电子和一个正电子对（叫作“正负电子对”）。布莱克特的发现不仅使正电子的研究更加深入了，而且对爱因斯坦的质量-能量方程式也是一个重要的支持。过去人们虽然相信这个方程，但没有提出明确的例证，布莱克特的发现正好弥补了这一缺憾。这个实验中，光子转变为具有静止质量的粒子，并且这种转化的结果完全符合爱因斯坦的质量与能量的转化方程。

由于布莱克特对云室的重要改进，以及利用云室进行的核物理研究成果，他获得了1948年度的诺贝尔物理学奖。

● 充满液体的气泡室

从1911年云室被发明之后，人们开始广泛地使用这种探测器，它在早期核研究中发挥了重要的作用。然而，云室也有一定的缺陷，云室中的气态物质非常稀疏，带电粒子进入云室只能形成少量离子。如果进入云室的粒子是一些罕见的粒子，或寿命很短的粒子，它就不能形成径迹，或因为径迹极短而被忽略掉。特别是在高能物理学发展过程中，在与大型加速器配合使用时，云室的缺陷就使它的适用范围受到了极大的限制。因此，要对探测器进行一次彻底的革新，完成这次革新的是美国科学家唐纳德·格拉泽。

格拉泽于1949年在加州理工学院获得博士学位之后，就去密执安大学任教。在这里他开始思考对探测器的研究。

20世纪50年代，高能物理学获得了迅速的发展，微观世界的新事物层出不穷。格拉泽很注重实验的研究，在改进实验技术上下了很大的功夫，发明了一些新型的云室和平行板火花计算器，这些研究也为后来发明气泡室创造了条件。

格拉泽注意到，人们在倒啤酒时，瓶中会产生大量气泡，于是他仔细观察了啤酒瓶玻璃上一些粗糙点上的气泡，并为此联想到这种气泡产生的原理。云室是利用过冷的蒸

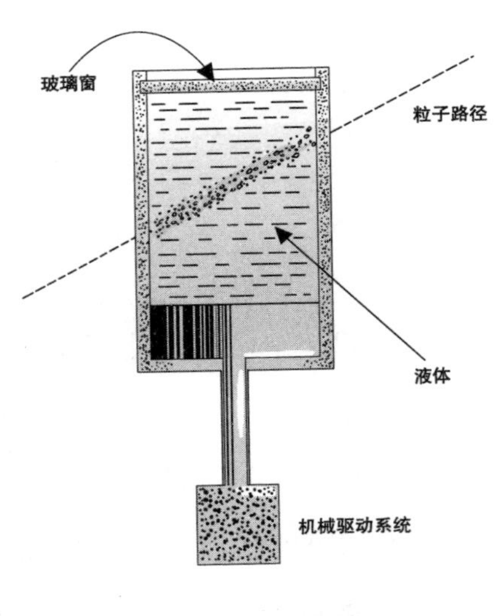

气泡室结构示意图

汽在离子周围凝聚，在大量气体中形成液滴的现象而显示粒子的踪迹的。与云室不一样，他设想的新型装置是，让过热的液体在离子周围汽化，在大量液体中形成汽滴。也就是说，在粒子经过的地方，产生大量气泡，进而显示粒子的径迹。

气泡室作为一种新型的探测工具，最早使用是在1952年。当时格拉泽制作的第一个气泡室的直径仅有十余厘米，室内充有乙醚（后来又改用液态氢）。但气泡室的构造同云室相比，气泡室要复杂得多，造价也显得很昂贵。然而它们的工作原理却非常相似，只不过云室内充满的是气体和少量的水蒸气，而气泡室内采用的是液体。

气泡室的主体部分是一个充满透明液体的大容器，容器内安装有能够上下移动的大活塞。液体通常采用液态氢等，温度超过沸点温度，称为“过热液体”。由此可见，气泡室是在较低的温度下工作的，它显示了很好的性能。

大家知道，在一定的气压下，当液体温度升高到一定程度时，就开始沸腾。液体的沸点与气压有着直接的关系，气压越低，它的沸点就越低。在海平面附近，水的沸点是100摄氏度，随着地势的升高，水的沸点会逐渐降低。到了西藏高原，水的沸点就不到80摄氏度了。为了使容器内的液体处于标准气压以下，就要降低容器内的压强。

当气泡室的液体处于过热状态时，由于这种状态是不稳定的，液体一旦遇到扰动，就会立即沸腾起来，借此人们可以观测进入气泡室的带电粒子。

为了使容器内的液体状态符合要求，可以通过机械系统来调控活塞，使气泡室内的压强急剧下降，这样液体就处于过热状态。在这种情况下，过热液体就会对外来的带电粒子非常敏感。如果此时有带电粒子闯入气泡室内，在粒子行进的路上就会产生一串依稀可见的小气泡，气泡室因此而得名。

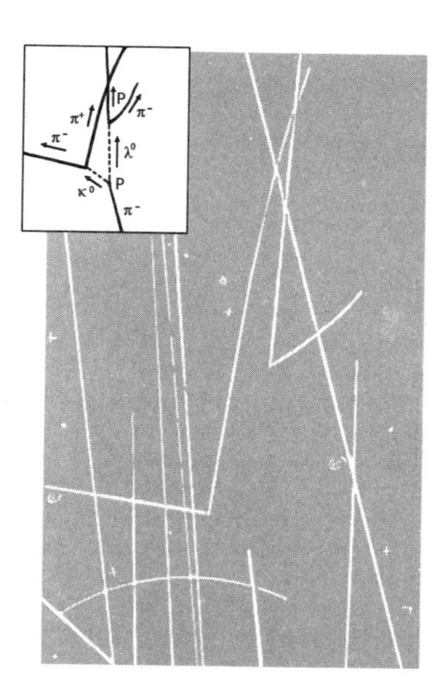

液态氢泡室中拍摄的粒子径迹

在闪光灯强光的照射下，摄像装置自动记录下这一径迹，再经过对照片的处理和分析，人们就可以清楚地看到粒子在室内发生的相互作用过程，以及其最后“消亡”的情景。如果气泡室用的是液态氢，由于室内只有氢，通过对照片的分析，人们可以了解带电粒子与氢原子核之间相互作用、相互转化这一复杂过程的大量信息：π^-介子与质子相碰撞，可产生两个中性粒子——K^0和Λ^0（它们是两种介子），这两个粒子很不稳定，又会立即衰变为其他的粒子。对于这样的“短命”粒子，云室就无能为力了。所以尽管气泡室的造价高，但它的优越性显而易见，因此，随后在许多实验室都建造了一些大型的气泡室。

1959年，我国著名的核物理学家王淦昌院士利用装有丙烷液体的气泡室（也简称为“丙烷室”）发现了重粒子Σ^-的反粒子。这是我国科学家发现的第一个粒子，也是继反粒子的正电子、反质子和反中子的发现之后，所发现的又一个反粒子。我国科学家为粒子物理学的发展做出了重要的贡献。

● 气泡室的改进

从前面我们已经知道，由于气泡室比云室要灵敏得多，它对高能粒子的研究具有极重要的作用。当粒子通过同样的距离，在气泡室中比在云室中可以撞到更多的物质，这样就使粒子的速度很快地降下来，所以形成的径迹较短，径迹也更加完整，也就有利于科学家们分辨粒子的种类和性质，从而对粒子进行整体上的研究。

格拉泽发明气泡室后，位于美国纽约的布鲁克海文实验室的高能同步加速器和位于加利福尼亚的劳伦斯实验室的高能质子加速器都添置了气泡室，并在高能物理研究上发挥了极重要的作用。

由于气泡室的发明，格拉泽获得了1960年度的诺贝尔物理学奖。有趣的是，在获奖的同时，格拉泽宣布将个人的兴趣开始从核物理学转向分子生物学。而对气泡室的改进，美国科学家路易斯·阿尔瓦雷斯则做出了重要的贡献。

阿尔瓦雷斯考入芝加哥大学后，先学的是化学，后来才改学物理学。从1934年他获得博士学位，到第二次世界大战结束，阿尔瓦雷斯在核物理学的实验方面做了一些很有益的工作，此间他还参加了雷达的研制工作，并对原子弹的设计提出了很好的建议。战争结束后，他来到加州大学的辐射实验室工作，在这里他创建了第一台质子直线加速器。

1953年，阿尔瓦雷斯来到华盛顿参加学术会议，他看到了格拉泽用气泡室拍摄的粒子径迹照片。这是利用充有乙醚的玻璃瓶拍下来的。回到加州大学后，阿尔瓦雷斯等人也开始了气泡室和相关仪器的研制工作。除了研制液态氢气泡室，他们还着手发明新的半自动径迹测量仪器，以及计数器的研究。为此，他们研制出了比格拉泽的气泡室大得多的气泡室。

经过精心的设计，阿尔瓦雷斯逐渐扩大了液态氢气泡室的容积，玻璃室的直径最初为25毫米，此后不断扩大，最后一直增加了几十倍。除了气泡室的不断改进，他还研制和改进了新型显微镜和计数器，这样对粒子运动和性质有了更加全面的认识，利用这种气泡室和其他的仪器，他发现了近百种的粒子。

由于探测器的不断改进，阿尔瓦雷斯所测量出的粒子各种“事件”不断增多。以1968年为例，他当年完成的测量工作超过了100万个事件，这个数量差不多是所有其他实验室工作量的总和。

由于阿尔瓦雷斯在高能物理学上的杰出研究，特别是对液态氢气泡室的改进，使他获得了1968年度的诺贝尔物理学奖。

气泡室刚刚问世的时候，体积是很小的，只有几立方厘米。随着技术的进步、探测手段的改进，在以后的几十年中，气泡室越造越大，结构也越来越复杂。如今，除了气泡室主体部分之外，还具有先进的照相和摄制系统、热调节系统、膨胀与压缩系统、控制系统；还采用了先进的超导磁体来产生强磁场；还设有安全防护装置，形成了一个庞大的工作系统，成为一种现代化的大型探测工具。

自气泡室问世以来，它在宇宙线的研究和粒子物理实验方面取得了辉煌的成就。在这期间，各种类型的加速器相继建成，两者结合使用，对于气泡室来说，真是如虎添翼。加速器作为一种高能量的粒子源，可以为气泡室提供充足的、各种能量的“炮弹”，它对于粒子间相互作用的研究、新粒子的发现以及各种粒子的情况分析等，创造了非常有利的条件，使得气泡室的作用得到了进一步的发挥。

目前，全世界运用气泡室拍摄到的粒子径迹照片，每年多达几千万张。庞大的粒子家族中，有许多重要的成员都是在气泡室中发现的，诸如超子（粒子中的一类）Σ^+、Σ^-和Σ^-的反粒子、Ξ^0、Ω^-等，介子W，百余种共振态粒子，以及传递弱相互作用的中间媒介粒子Z^0……由于基本粒子的大量发现，这给美国物理学家盖尔曼的研究提供了实验基础。盖尔曼对这些粒子进行了分类，并总结为几张表，这些表的作用就像是俄国化学家门捷列夫的元素周期表一样，使人们对粒子世界的认识更加深入。

气泡室探测效率非常高，对于一些寿命在10^{-11}~10^{-7}秒的短命粒子，同样能够进行有效的探测。由于气泡室具有多方面的优越性，时至今日，在加速器实验中，在宇宙线研究方面，仍然有着广泛的应用。

能鉴别中微子的火花室

从前面我们已经知道，在观察粒子穿过云室和气泡室的径迹时，只要有粒子进入室内，不论是不是人们所要寻找的粒子，均一视同仁，统统地记录下来。这样，在分析研究工作中，还需要进行逐一筛选，搜索所需要的事例，这无疑给研究工作增添了不少麻烦，加大了工作量。为了克服这一缺点，科学家们又发明了火花室。作为一种射线探测仪器，同云室和气泡室相比，火花室最突出的优点是具有良好的选择性能。只有当人们所需要探寻的粒子进入火花室内时，火花室才启动照明和摄像装置，记录下这个粒子的径迹，供人们分析研究。

早期的火花室是由一组平行放置的薄金属板构成的，相邻两板的间隙很小，一般只有几毫米。平行板交替与地线和高压线相接。火花室内充入惰性气体氖和10%的氦气，同时还加入少量的酒精蒸气。

当外来的带电粒子进入火花室金属板之间的缝隙时，与室内分子相接，使气体分子电离。这时，沿着离子停留的地方发生火花放电，将这个火花记录下来，就等于观察到了那个外来的粒子。

后来为了便于准确地判断火花发生的位置，人们对原来的装置进行了改进。将原来的金属板换成了多条平行的金属丝。一个高精度的火花室由一组一组相互交错垂直的平行金属丝构成的，火花室内安装的金属丝多达10万~20万根。火花室的长度约4.5米，大型的可达7米左右。外形多种多样，有圆柱形的，也有方形的。

火花室加入的脉冲式高压达10 000伏，脉冲的间隔只有0.2秒。带电粒子只要在脉冲电压存在的瞬间进入火花室，就会有火花产生。火花的位置由两个坐标准确定位，而坐标又由纵横交替的金属丝标定的。这样，就能够更精确地研究粒子的行为，确定粒子的位置。

火花室探测的结果可以有多种记录方法。比较早的采用立体照相的方法。粒子穿行过的地方，产生火花放电，利用这种记录手段，可将粒子的行为在照片上生动地记录下来。

这种记录方法有其困难的一面。要想从拍摄到的复杂的照片上提取所需要的各种数据，可并不是一件容易的事情。为了克服这一难点，人们采用了各种收集数据的有效方法。例如，利用先进的光导摄像管，利用光子成像技术，将光信号转变为电信号，再进行处理。也可以利用火花室内金属丝中的电流触发磁芯，从中获取一些重要的信息，再把这些信息输入到计算机中进行处理，以得到人们所需要的各种资料和数据。

火花室的建造要比气泡室简单得多，造价也比较便宜。火花室的规模可大可小，使用起来方便、灵活。因此颇受欢

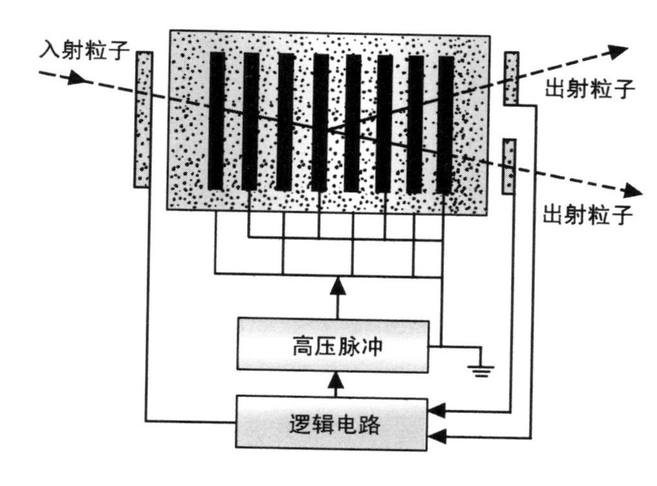

多板火花室示意图

迎，被广泛应用于高能物理、核物理、宇宙线探测等各个领域的实验研究方面。自从1959年开始应用以来，曾取得了不少有价值的成果，其中对中微子的探测就是最为突出的范例。

中微子不带电，个头儿又小，具有极强的穿透本领。因此捕捉中微子的行踪是一种非常困难的事情。大型火花室为这方面的研究工作做出了重大的贡献。自然界中存在有几种类型的中微子，而其中电子型的中微子与μ子型中微子的区分，是人们利用火花室做出的一项重大发现，显示出这种装置的巨大威力。

● 原子核乳胶

由于云室是卡文迪什实验室的威尔逊发明的，后又经过该实验室的布莱克特的改进，因此，卡文迪什实验室在云室研究方面具有巨大的优势，也因此对云室的研究继续深入，塞西尔·鲍威尔就是其中的优秀代表之一。

离开卡文迪什实验室后，鲍威尔来到布里斯托尔大学工作。由于仔细研究了测量正离子迁移的技术，因此他对多数气体中的离子特性有很深的认识。

在20世纪上半叶，为了克服普通照相胶片不能记录单个粒子径迹的缺点，一些科学家开始尝试利用照相乳胶来记录粒子的径迹，但有些技术难题不能解决，而云室的性能很好，因此许多人就放弃了对照相乳胶的研究，而照相乳胶至多只在宇宙线探测器中利用。

然而，从1938年起，鲍威尔与他的同事合作开始利用照相乳胶来测量中子的能量。不久，他们就发现这种方法在核物理研究中有很大用处。为此，他们想利用性能更好的照相乳胶。1947年，他与奥恰里尼一起利用乳胶研究宇宙线，发现了π介子以及π介子的衰变过程和K介子的衰变过程。鲍威尔的成功也驱散了人们对照相法的怀疑。由于这种探测物质使用的是照相乳胶，而且用于核物理的研究，因此这种方法也被称为“核乳胶法”。

鲍威尔与他的同事经过几年的研究，做了多种实验，并且不断改进着材料的性质，设计出了分析粒子径迹的光学设备，使照相技术达到了很高的水平。他们令人信服地证明，照相法与云室和计数器一样，都是非常有效的，并且有些方面还超过了云室和计数器的技术水平。核乳胶法比照相法节省时间和材料，使用威尔逊云室，在20 000张照片中可以得到1600条粒子径迹，而鲍威尔他们用核乳胶法在一个3厘米^{2}的照相底片中就找到了3000条的粒子径迹。而且经过鲍威尔等人改进的照相法还可以连续记录粒子的径迹，而威尔逊的云室则只能记录短暂的时间。

如果在乳胶中加入一些原子，还可供特殊的研究。他们将这种新型乳胶放在海拔2800米和海拔5500米的高山观测站，在乳胶中记录了大量的孤立粒子的径迹，以及粒子蜕变的分叉数各不相同的“星”（也被称作“星裂”）。这些“星”就是一些质量较小的粒子闯入乳胶，打到乳胶中一个原子核上，并引起了蜕变。经过认真的研究，他们发现这是一种质量为电子质量200多倍的介子，且带负电。1947年，鲍威尔与他的同事报告了所发现的介子，以及所产生的二次介子。为此，他们将初始介子叫作π介子，二次介子叫作μ介子。其中π介子比μ介子的质量略高，但所带的电荷都等于基本电荷。

接着，鲍威尔还使用乳胶，发现μ介子在径迹的末端蜕变为一个带电的轻粒子和两个以上的中性粒子。后来，鲍威尔又将核乳胶放置在一个直径20米的大气球上，并将气球升到30 000米的高空，在空中停留了一段时间，结果又发现了τ介子（今天叫K介子）和负π介子。

为了改进乳胶的感光性能，可以增加乳胶中的感光物质的颗粒，增加其单位体积颗粒数。生产胶片的一些科学家发现，如果在胶片中提高溴化银的浓度，就可使核乳胶的感光性能和显影效果更好。

可见，原子核乳胶是一种特制的感光胶片，与传统的照相底片相比，核乳胶具有一些特殊的性质：

第一，感光材料溴化银的含量高，一般是普通照相胶片的4～5倍，增加了它的灵敏度。

第二，普通照相胶片的感光颗粒比较大，而且是相互连在一起的。使用这样的底片要想记录单个粒子的径迹是做不到的，而原子核乳胶情况就大不相同了。感光颗粒小得多，只有0.1～0.6毫米，颗粒之间是相互分开的，具有这样结构的一种乳胶，非常适合于单个粒子的行为和相关性质的研究。

第三，原子核乳胶可以制作得比较厚，约100微米。使用的时候往往还要把多层乳胶片叠加起来使用。这样，可以进一步提高探测的灵敏度。

第四，由于核乳胶的密度与气体、液体相比要大得多，因此带电粒子在核乳胶中形成的径迹只有空气中的千分之一，这样，容易观察到粒子的整个行踪。此外，核乳胶能够连续工作，将入射粒子每时每刻的“表现”都可以记录下来，供人们研究时使用。

由于制作原子核乳胶的感光颗粒大小不一，对于各种射线的灵敏度存在着明显的差异，因此可以使用各种胶片来研究不同性质的粒子。比较小的核乳胶颗粒只对电离作用强的一类射线比较敏感，容易留下踪迹；比较大的一些核乳胶颗粒对于α粒子、质子和介子等一类重粒子灵敏度高；至于普通光线，核乳胶的灵敏度就很差了。人们可以根据入射粒子在原子核乳胶中留下的径迹，测量出粒子的行程，研究它们的性质，判断粒子的类型等。如果是高能量的入射粒子，还能够探测到粒子被原子核多次散射的情况。

由于原子核乳胶非常轻便，因此很容易带到建于高山上的观测站，并且还可以用气球或者用火箭将其送入高空进行探测，用来“捕捉”宇宙线的信息。

早在1945年，核乳胶就开始应用于高能物理方面的研究工作，尤其是宇宙线的探索方面。1947年，鲍威尔等人利用核乳胶在宇宙线中发现了π介子。

在以后的岁月中，人们利用核乳胶探测技术，在宇宙线中又接连不断地发现了一批新粒子，如K^+介子、K^-介子，Σ^+超子、反Λ^0超子等。

核乳胶记录到的粒子径迹的照片中，还可以观察到一些高能量质子与核乳胶中的原子核相撞产生的“星裂”现象，其产物中存在有重介子和超子等粒子。

由于核乳胶的高性能，特别是鲍威尔等人的研究成果，一时间使核乳胶身价倍增，在此后一个时期内被许多实验室用于核物理学和粒子物理学的研究中。当然，核乳胶也有一些缺陷，但直到气泡室和火花室等探测器的研制成功，核乳胶才逐渐被取代。

● 切伦科夫计数器

1934年，苏联科学家切伦科夫在一篇论文中报告了一种奇妙的现象。当把镭发出的辐射穿过一些高折射率的媒质（可以是液体或固体）时，其中部分辐射会被这些媒质所吸收。在这时会从媒质中发出一种特殊的辐射，这是一种淡蓝色的微弱可见光。由于是切伦科夫发现的一种特殊辐射，因此就被称为“切伦科夫辐射”，其光学效应也被叫作“切伦科夫效应”。

切伦科夫的发现并不是新发现的现象。过去用X射线或γ射线照射荧光物质就会发出强烈的荧光，有时还会伴随强烈的切伦科夫辐射。像放射科的医生或X射线专家就曾观察到这样的现象，但是都没有引起注意，而是把这种现象归到荧光或磷光现象。

切伦科夫以敏锐的观察力注意到了这种现象，他不相信这种现象就是荧光现象。为了搞清楚它，他用水做实验。他怕水中的杂质影响到实验中的荧光现象，他将水反复蒸馏多次，以得到更精确的结论。

实验结果是，液体种类不同不会影响到实验的结论。后来，他只让电子穿过相同的物质（他用的是液体），因此排除了荧光辐射，也排除了镭辐射，进而证实这是高速带电粒子在物质中的一种相互作用。这种效应是带电粒子在物质中行进速度大于光在媒质中的速度传播时，这种带电粒子就发出的一种特殊辐射。一般情况下，人的肉眼是看不见这种辐射的，但这种辐射强度很大时，会在核反应堆中看到。在反应堆的池水中就可以看到微弱的浅蓝色的辉光。可见的切伦科夫辐射是由于反应堆发出的高能电子的速度比光在水中的速度大，并比光在真空中的速度小的原因引起的。这时的电子行进速度在$2.25\times10^{8}\sim3\times10^{8}$米/秒。

当切伦科夫的文章发表后，切伦科夫的两位同事弗兰克和塔姆对这种效应做出了适宜的解释。他们认为，这种辐射是带电粒子在物质中形成的电磁冲击波。其实，在日常生活中也能见到类似这种切伦科夫辐射效应的例子。例如，当船在水中以大于水波的波速运动时，船前的波就会产生类似切伦科夫的效应；又如喷气式飞机在空气中以大于声速运动时，飞机前的空气波也可以产生类似切伦科夫辐射的效应。由于切伦科夫、弗兰克和塔姆的研究，他们一起共同获得了1958年度的诺贝尔物理学奖。

切伦科夫效应在高能物理中获得了广泛的应用。根据切伦科夫效应制作成的切伦科夫计数器可用于记录带电粒子所发出的微弱切伦科夫辐射。制作时所选用的物质可以是玻璃、水或纯塑料，当带电粒子以大于光在该媒质中的传播速度进入这些媒质时，就会产生切伦科夫辐射，而后用光电学方法检测出来。这种计数器非常灵敏，且精确可靠。它不但可以确定粒子传播的速度，而且可以精确地确定粒子传播的方向。由于切伦科夫计数器具有优异的性能，1955年，人们在探测反质子时就使用了切伦科夫计数器。

● 发现J粒子的有力武器

1968年，一个叫乔治·夏帕克的科学家发明了一种新型的探测器——多丝正比室。

夏帕克出生在波兰，后移民到法国并成为法国公民。

1959年，夏帕克到欧洲原子核研究中心工作，一开始他就将注意力集中到粒子探测器的研究上，并研制出了几种新型的火花室。在20世纪60年代，由于格拉泽和阿尔瓦雷斯先后获得诺贝尔物理学奖，气泡室的研制受到了许多科学家的重视，而且利用气泡室也的确发现了许多新的粒子。然而，在这时，夏帕克却将注意力转移到了一种新型探测器的研制上，这就是多丝正比室，并且他还获得了成功。

多丝正比室中的“正比”概念早在1928年就已被盖革等人研究过。正比探测技术是基于一种“雪崩”的机制。实际的雪崩是这样一种过程，当有一大块雪向下滚动时，就会牵动另一块雪，在重力作用下，雪块运动速度越来越快，并且会引起大批雪块、泥石、冰团的飞泻而下。1928年，盖革等人首次利用“雪崩”概念研制成功一种新型的探测器——“正比计数器”，这就是上面介绍的盖革计数管。然而这种计数管的定位精度只能达到厘米的量级，而多丝正比室的定位精度则可达到毫米量级。

所谓多丝就是多个阳级，而阳极实际上就是用铍–铜丝制成的，它的直径只有几十个微米，丝与丝的间距为2毫米左右。这种径迹室内包衬阴极，将多个阳极丝植入中央。

在夏帕克研究的最初，人们认为阳极丝的间距太小，会在彼此之间产生感应而不能正常工作。但夏帕克则持相反的看法。他认为，每根阳极丝都会像一个盖革计数管那样工作，而且每根丝都能承担极高的计数速度，可高达每秒几十万次。况且，多丝正比室的结构简单，可根据需要制成各种不同的装置。

如果将每个阳极丝各自接上一个放大器，再将所有的信号集中处理，可以大大降低能量的消耗。而这种对信号的集中处理和存贮，在计算机技术高度发展的现代条件下是完全可能的。

由于夏帕克在欧洲原子核研究中心工作，这里有上千名科学家研究和工作，这种新的探测技术立刻就被派上了用场，并且很快被流传到许多实验室中。像华裔科学家丁肇中发现J粒子时，他就使用了多丝正比室。20世纪80年代，欧洲原子核研究中心发现的一些新粒子，也用到了多丝正比室。

从20世纪80年代中期以来，夏帕克还将多丝正比室推广到粒子物理学的领域之外，使高能物理学的知识直接为人类造福。在成像和精确显微技术上，夏帕克的技术就有了用武之地。在日内瓦大学医学中心和法国的一些医疗中心，这些新式仪器就被用在X射线和β射线的成像诊断中。由于多丝正比室的发明，夏帕克获得了1992年度的诺贝尔物理学奖。

● 阿尔法磁谱仪

1998年6月2日下午6时8分（美国东部夏令时），我国时间是6月3日的清晨，一台大型的、现代化的科学实验仪器——阿尔法磁谱仪，简称AMS，搭载美国“发现号”航天飞机，成功地在太空遨游了10天，这是人类历史上第一次将一台大型的磁谱仪送入宇宙空间，标志着人类在探索宇宙奥秘的事业中揭开了新的篇章。

宇宙起源问题一直是人们探索的重大课题之一，宇宙大爆炸理论则是人们关注的焦点。为了早日揭开宇宙之谜，近几十年来，各国科学家曾提出过各种各样的研究方案，试图将一台大型磁谱仪送入太空，实现对宇宙空间带电粒子进行直接观测。

磁谱仪的关键部件是一个高强度、性能稳定、适合于太空运行的大型磁铁。由于制造这种磁铁技术性强，难度大，一直未能研制出这种磁铁，致使这一重大科研课题始终未能进行研究。

如今，我国科技人员为实现这一跨世纪的国际合作科学实验做出了重要的贡献，填补了这方面的空白，从而使这个长期悬而未决的问题有了研究的可能。

从指南针到阿尔法磁谱仪中的永磁铁，可谓源远流长，耐人寻味。指南针为我国古代的四大发明之一，世人皆知。早在战国时期（公元前475～前221年），人们便将磁石制成能够指示方向的仪器，称为“司南”。后来，人们又利用磁针指南，制成了人类历史上最早的指南针。到了北宋时期，古人已开始将指南针应用于航海技术中。在海船上，安装了指南针，它就能够准确地为人们辨认航向，为人类航海事业的发展做出了重大的贡献。到了南宋时期，指南针经阿拉伯人传到了欧洲，从而为欧洲航海家发现新大陆和实现环球航行提供了重要的条件。

今天，在制造太空运行的永磁铁方面，炎黄子孙又一次创造了奇迹。中国的科学家终于巧妙地用钕铁硼永磁材料研制出送入太空的第一个永磁铁，这是阿尔法磁谱仪的关键部件，从而为人类探索宇宙的奥秘，为人类的科学事业做出了应有的贡献。

安装在阿尔法磁谱仪上的这块永磁铁呈圆柱形，内径为1.2米，长为0.8米，它是由5000个标准磁块组装而成的，重达2吨多。这种永磁铁有三个方面显著的特点：

首先，它的磁场强度大，高达1400高斯，相当于地球磁场强度的2800倍，这对于永磁铁来说实属罕见。采用这种高强度的磁铁，可以极大地提高阿尔法磁谱仪的灵敏度。

其次，“密封”得相当好，漏磁非常小，显示出其结构的绝妙之处。如此好的性能为运输和使用带来了极大的方便，不会影响航天飞机和空间站上各种仪器设备的正常工作。

最后，性能非常稳定。经检测和进行各项空间环境模拟试验，完全符合美国宇航局的各项要求。仅经过两次测试便合格，因而免去了第三次检测，这对于一个大型实验器件尚无先例，从而显示出中国科学家的聪明才智和认真负责的工作态度。

我国制造出这样高质量的永磁铁，成为人类进入宇宙空间的第一个大型磁体系统，令各国科学家赞叹不已。领导这项大型科学实验工作的丁肇中博士对这一研制成果给予了极高的评价，盛赞中国科学家和工程技术人员为阿尔法磁谱仪的实验工作做出的突出贡献。

四大发明是我们的祖先做出的，是我们古老文明的象征，每当谈及此事时，作为一个炎黄子孙便感到无比的自豪。今天，谈起阿尔法磁谱仪便会想到其核心部件——永磁铁，这也让我们感到一种巨大的鼓舞。

阿尔法磁谱仪由永磁铁和一组精密的探测器组成。在永磁铁产生的磁场中，带有正电荷的粒子在磁场力的作用下，向一个方向偏转；而带有负电荷的粒子则偏向另一个方向。通过永磁铁内部的探测装置，可以测量出粒子的动量、电荷，以及粒子运动的径迹，从而能够鉴别出粒子的类型。

利用阿尔法磁谱仪能够对宇宙线进行精确的测量。宇宙线来自太空，它们在大气层的顶部产生簇射，并有众多粒子击中地球。对这些高能量的粒子，科学家们已进行了大量的地面实验和大气实验，并进行了长期的研究，但利用像阿尔法磁谱仪这样的仪器来测量还是第一次。与上面介绍的那些探测器不同的是，阿尔法磁谱仪是运行在300多千米的高空，探测的是没有和大气原子发生作用的原始的宇宙线。

阿尔法磁谱仪经过10多天的成功飞行，取得了200多小时的数据，获取了3亿多个事例，观测到了原始的宇宙线粒子，其中有质子（占80%左右）、反质子和各种原子核。对测量结果的分析表明，采集的数据质量非常高，能够正确区分各种粒子，测量的精度已经达到了预期的要求。这一实验结果，引起了科学家们极大的兴趣。

在人类生存的环境中，对于各种元素的成分及其含量，各类同位素的含量百分比，人们已经进行了精确的测定。因而对于自然界的构成有了比较清楚的了解和认识。这对于人类利用自然、改造自然和保护生存环境是非常有益的。然而，有关宇宙间元素的构成，以及各种同位素的含量等有关问题，长期以来尚未进行过精确的测量，这对于人类来说，仍然是一个亟待解决的问题。希望阿尔法磁谱仪的太空之行，能够为我们提供更多新的科学信息，揭开宇宙的奥秘。

阿尔法磁谱仪经过改进以后，预计将于2003年送到阿尔法国际空间站，经过3～5年的运行，开展大规模的实验工作。美国、俄国、中国、意大利、德国等10多个国家和地区的37所科研单位的科学家和工程技术人员共同参与的这一重大的国际合作科研项目，开创了人类探索宇宙奥秘的新纪元。

随着天体物理学和高能物理学研究范围的不断扩大，宇宙线探测空间的外延，人们对探测仪器的要求必将越来越高。发展新的探测技术，研制新型的探测装置已势在必行，阿尔法磁谱仪则是最具有代表性的一种，它更好地满足了科学研究领域不断扩大、研究内容不断深入的需求。